中学入試 まんが攻略BON!

算数

仕事算

Gakken

中学入試 まんが攻略BON!
仕事算
もくじ

1 差集め算 ……………………………………………… 5
▶▶▶ 入試問題に挑戦!! いろいろな差集め算 ……………… 18
- ① 同じ日数食べたときの個数の差
- ② 予定した買い物と代金の差
- ③ 池のまわりの木の本数の差
- ④ 速さの差集め算
- ⑤ 個数をとりちがえた買い物

2 相当算 ……………………………………………… 23
▶▶▶ 入試問題に挑戦!! いろいろな相当算 ……………… 36
- ① 本全体のページ数
- ② リボン全体の長さ
- ③ もらったお年玉の金額
- ④ 本のねだん
- ⑤ びんの重さ

3 過不足算 ……………………………………………… 41
▶▶▶ 入試問題に挑戦!! いろいろな過不足算 ……………… 54
- ① あまりと不足が出る配り方
- ② 両方ともあまりが出る配り方
- ③ 長いすにすわる問題

4 濃度算 ……………………………………………… 57
▶▶▶ 入試問題に挑戦!! いろいろな濃度算 ……………… 70
- ① 食塩水のこさ
- ② 食塩の重さと食塩水の重さ
- ③ 食塩水を混ぜ合わせる問題
- ④ 食塩水に水を加える問題
- ⑤ 食塩水から水を蒸発させる問題

5 平均算 ... 75
▶▶▶ 入試問題に挑戦!! いろいろな平均算 ... 88
1. 6回の平均点と6回目の得点
2. 男子の平均点と女子の平均点
3. 平均点との差

6 分配算 ... 91
▶▶▶ 入試問題に挑戦!! いろいろな分配算 ... 104
1. リボンを2つに分ける問題
2. おはじきを3人で分ける問題
3. 商とあまりで考える分配算
4. 2人の間でやりとりする問題
5. 残金の差を利用する分配算

7 仕事算 ... 109
▶▶▶ 入試問題に挑戦!! いろいろな仕事算 ... 122
1. 水そうをいっぱいにする時間
2. 仕事を仕上げる日数
3. 途中で仕事を休んだ日数

8 損益算 ... 125
▶▶▶ 入試問題に挑戦!! いろいろな損益算 ... 138
1. 原価(仕入れ値)と定価
2. 定価と売り値
3. 値引きした商品の利益
4. 値引きした商品の原価
5. 一部が売れなかったときの総利益

9 ニュートン算 ... 143
▶▶▶ 入試問題に挑戦!! いろいろなニュートン算 ... 156
1. 券売機の台数
2. ポンプで水をくみ出す問題
3. 行列がなくなるまでの時間
4. 草を食べつくす日数

この本の効果的な使い方

1 まんがで楽しく文章題がわかる!

　この本は、仕事算や濃度算といった入試問題でよく出る文章題を、まんがでわかりやすく理解できるようにくふうされている!

　まんがを楽しく読みながら、文章題の考え方がスイスイ身につくぞ!

　また、ところどころにある マメ知識▶ でも理解を深めよう!

2 「コレが大事」を見のがすな!

　まんがの中には、文章題を解くポイントになる コレが大事 がある。ここさえ見れば、文章題でどう考えるかがばっちり理解できる!

3 入試問題を解いて、実力をつけよう!

　まんがを読んで要点を理解したら、入試問題に挑戦!! で実際に中学入試で出題された問題を解いてみよう!

　解き方▶▶▶▶ を読んで 解法ポイント を確認すれば、入試で役立つ実せん力がしっかり身につくぞ!

この本には、文章題の考え方を理解できるようなくふうがいっぱいあるニャ〜!
うまく使って、中学入試対策は完ペキ!!

1 差集め算

1人に配る個数の差など，小さな差が集まって全体の差となる関係から数量を求める問題を，差集め算といいます。

今日は体験学習の日です。

幼ち園で先生たちのお手伝いをします!!

みゆきおねえさんとまさとおにいさんです!!

楽しくすごしましょう!!

あぁ 楽しかった。

マメ知識 ▶ 0より大きい整数，つまり，1，2，3，…のことを，自然数ということもあるよ。

1. 差集め算

 クッキーやビスケットは好きかな。さて，アメリカではこれらをすべて「クッキー」というんだって。反対に，イギリスではすべて「ビスケット」というそうだ。おもしろいね。

1. 差集め算

1. 差集め算

 2でわりきれる整数を偶数といい，2でわりきれない整数を奇数というんだ。0は偶数に入れるよ。整数は，かならず偶数か奇数のどちらかなんだね。

1. 差集め算

……どうすればわかるの？

まさとくんがつまみ食いしなければ30＋34＝64で，64個残ってたはずよね……。ということは……。

問題

　何人かの園児にクッキーを5個ずつ配る予定でしたが，3個ずつ配ったので，64個あまってしまいました。
　園児の人数は何人でしょう。

整理すると，このような問題になるわね。クッキーを食べながら考えるにしても…。

5個ずつ配ってたらちょうど人数分あったのに，まさとくんのせいで3個ずつ配りました。その結果，クッキーが64個あまってしまいました!!

言い方をかえるとトゲのある問題に聞こえるね。

> **マメ知識▶** 126のように，それぞれの位の数の和が3の倍数になっている数は，3の倍数なんだ。126では，1＋2＋6＝9　9は3の倍数だね。確かめれば，126÷3＝42　ホラッ！

1. 差集め算

1. 差集め算

1人に5個ずつ配るはずだったところ，3個ずつ配ったから，
1人分の個数の差は，

$$5-3=2$$

　　　　　1人分のクッキーの個数の差は　**2個**

1人分の個数の差は，
2個だとわかったけど，
人数との関係は？

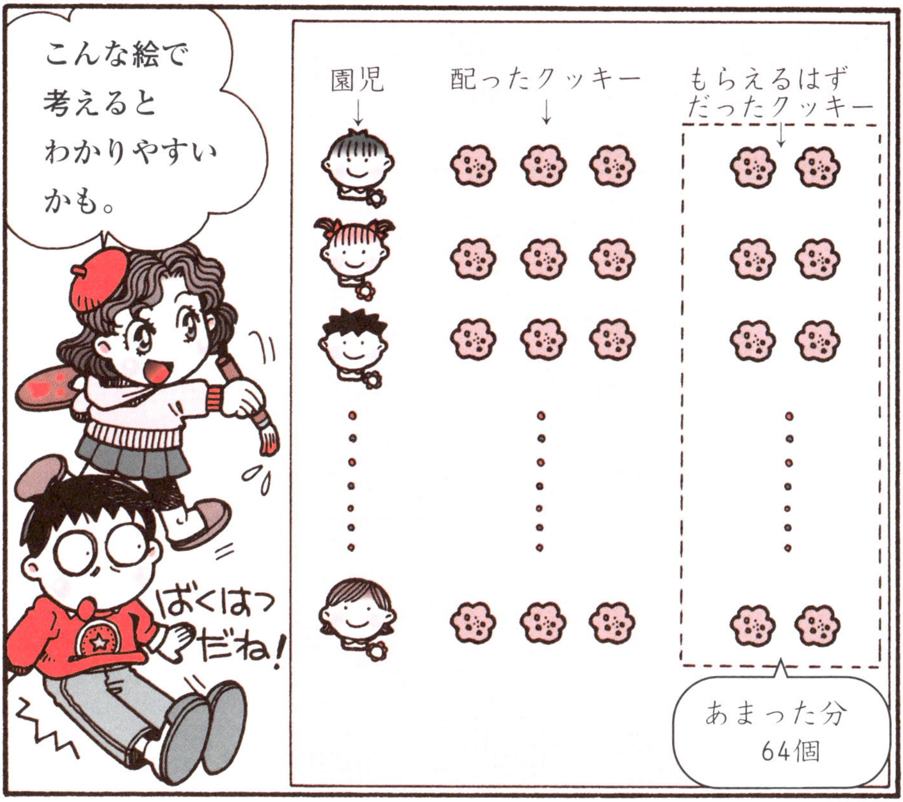

こんな絵で
考えると
わかりやすい
かも。

あまった分
64個

 2，3，5，7，…のように，1とその数の2つしか約数（わりきれる数）をもたない数を，素数というよ。ただし，1は素数には入れないんだ。

1. 差集め算

あまった64個を1人に2個ずつ配ったら何人に分けられるかって考えれば、すぐ、64÷2＝32（人）と求められるんだけど…。まさとくんが食べていなければね。

どう？　わかった？

これで体験学習のレポートに園児の人数を書けるよ。

ゲゥ

ゲフ？

ゲフゥゥ‥

クッキーおいし♡

カラッポ

 ある自然数を考えてごらん。その数が偶数なら2でわり，奇数なら3をかけて1をたす。この計算をくり返すと，いつかは結果が1になるという。どう!? 計算したくなった？

入試問題に挑戦!! －いろいろな差集め算－

1 同じ日数食べたときの個数の差

> みかんとリンゴが同じ数ずつあります。毎日，みかんを5個，リンゴを3個ずつ食べると，何日かしてみかんがなくなり，リンゴは22個残りました。はじめにみかんは何個ありましたか。
> 〈聖セシリア女子中〉

解き方 ▶▶▶

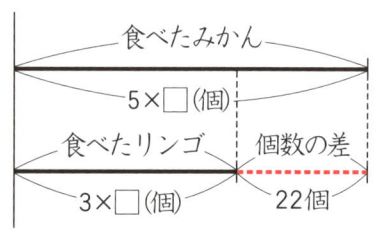

◆ みかんがなくなるまで，同じ日数みかんとリンゴを食べたとき，食べた個数の差は22個。

◆ この差は，1日に食べるみかんとリンゴの個数の差5－3＝2（個）が集まったものだから，
みかんがなくなるまでの日数は，
22÷2＝11（日）

◆ はじめにあったみかんの個数は，
5×11＝55（個）

答え 55個

解法ポイント

差の集まり＝1日に食べる個数の差×日数
（全体の差）

2　予定した買い物と代金の差

　1個200円のパンを買う予定で，ちょうどの金額(きんがく)を用意しました。買うときに，その金額で1個160円のものにしたので，予定より1個多く買っても，さらに40円残りました。用意した金額は何円ですか。
〈順天中〉

解き方▶▶▶

- 1個200円と160円のパンを予定した個数ずつ買ったときの**代金の差**は，
  160×1＋40＝**200(円)**

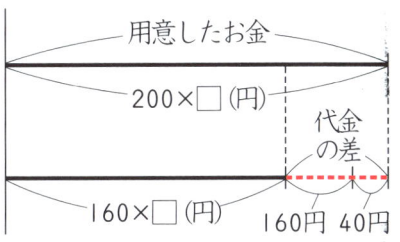

- この差は，**パン1個のねだんの差 200－160＝40(円) が集まったもの**だから，
  予定した個数は，
  200÷40＝5(個)

- 用意した金額は，
  200×5＝1000(円)

答え　1000円

解法ポイント
　1個200円と160円のパンを**予定した個数ずつ買ったときの代金の差**を考える。

いろいろな差集め算

3 池のまわりの木の本数の差

ある池のまわりに，等しい間かくで木を植えようと思います。8mの間かくで植えると，12mの間かくで植えるより8本多い木が必要です。池のまわりの長さは何mですか。

〈大阪教育大附平野中〉

解き方▶▶▶

◆ 池のまわりに，12m間かくと8m間かくで同じ本数の木を植えたとき，**植えた長さの差**は，
8×8＝**64(m)**

◆ この差は，**木を植える間かくの差 12－8＝4(m) が集まったもの**だから，
12m間かくで植えた木の本数は，
64÷4＝16(本)

◆ 池のまわりの長さは，
12×16＝192(m)

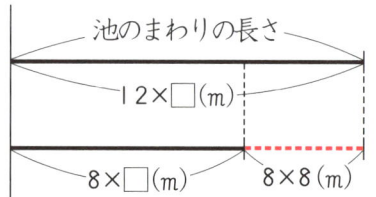

●池のまわりに植える場合
⇨ **木の本数＝間の数**
※植木算(上巻)を参照してください。

答え 192m

解法ポイント

12m間かくと8m間かくで**同じ本数の木を植えたときの植えた長さの差**を考える。

4 速さの差集め算

兄と弟が同時に家を出て学校に向かいましたが、兄は弟より2分早く学校に着きました。兄は毎分80m、弟は毎分75mの速さで歩くとすると、家から学校までの道のりは何mありますか。　〈横浜中〉

解き方▶▶▶

◆ 兄が学校に着いたとき，
  弟は学校の手前 75×2＝150(m)
  のところにいる。

◆ 兄と弟が歩く道のりは，
  1分間に，80－75＝5(m) の差が
  つく。

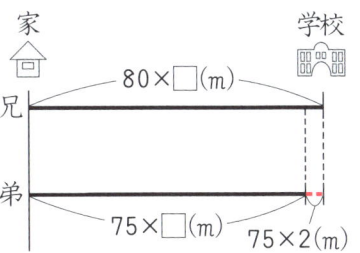

◆ 兄と弟で150mの差がつくのに
  かかる時間は，
  150÷5＝30(分)

◆ 家から学校までの道のりは，
  80×30＝2400(m)

答え 2400m

解法ポイント

兄が学校に着いたときに，
兄と弟はどれだけ離れているかを考える。

いろいろな差集め算

5 個数をとりちがえた買い物

1個170円のリンゴと1個110円のなしを合わせて15個買うつもりでしたが，リンゴとなしの個数を反対にして買ったために，予定していた金額より180円安くなりました。予定していたリンゴを買う個数は何個ですか。　〈城北中〉

解き方 ▶▶▶

◆ リンゴとなしを1個とりかえるごとに，代金は，
170－110＝60(円) ずつ安くなる。

◆ 代金が予定していた金額より180円安くなったから，
180÷60＝3(個) より，
最初は，リンゴをなしより3個多く買う予定であった。

◆ 和差算を使って，予定していたリンゴの個数を求めると，
(15＋3)÷2＝9(個)

> **アドバイス**
> ●和差算
>   大＝(和＋差)÷2
>   小＝(和－差)÷2
> ⇨この問題では，リンゴとなしの個数の和は15個，差は3個である。

答え 9個

> **解法ポイント**
> リンゴとなしのうち，**どちらを何個多く買う予定であったか**を考え，和差算で個数を求める。

2 相当算

水やジュースの量，本のページ数や所持金など，全体に対する割合からその数量を求める問題を，相当算といいます。

マメ知識▶ 「相当」ということばには，「あてはまること」「ふさわしいこと」の意味がある。相当算では，水のかさや本のページ数，金額などに割合をあてはめて考えるんだね。

さて… おなべを使ったごはんのたき方を説明しましょう。

だれにいってんの?

キャンプってしんどいな〜

……食事のしたく前, お水はポリタンクいっぱいに入っていたわ。 お米をたくために, ちょうどポリタンク半分の水を使ったの。

ごはんのたき方　〜おなべでたこう〜

お米は洗って水につけておこう
　お米がひたるくらい水を入れ, かき混ぜて洗います。水がすきとおるまで洗ったら, お米1合(180mℓ)に対して215mℓの水を入れ, 20分くらいつけておきます。

はじめは強火, ふっとうしたら中火で
　はじめは強火にかけ, そのままふっとうするまでじっと待ちます。ふっとうしたら中火にして, ふきこぼれたり, 蒸気が出たりするのがおさまるまで待ちましょう。

火を止めて10分おいたら, もう一度, 火にかけて
　ふきこぼれがおさまったら火を消し, 10分くらいむらします。それから強火で2・3分火にかけます。その後, なべをおろしてほぐせば, おいしいごはんのできあがりです!

2. 相当算

アイの後、カレーを作るのに残りの水のちょうど半分を使ったよ。

…っていうか、アスナはカレー作ってないじゃんか。そもそも何もしてないし。

アンタって、ホント男のくせに細かいのよね！

カレーの作り方

材料を食べやすい大きさに切る
　野菜（じゃがいも、タマネギ、にんじんなど）と肉を切ります。じゃがいもとにんじんは小さめに切ると、早くやわらかく煮えます。

お肉をいためる
　肉はきれいな焼き色がつくまでいためて、お皿に取り出しておきましょう。

野菜をいためる
　タマネギをいためます。すきとおったら、他の野菜も入れて、3・4分はしで混ぜながらいためましょう。

水を入れてグツグツ煮こむ
　いためておいた肉を、いまいためている野菜に戻します。それから水を入れてグツグツ煮こみましょう。茶色のアクを取ると、おいしくなります。

カレールーを入れて煮こむ
　カレールーを小さく切りながら入れてとかし、さらに煮こみます。20分ほど煮こめばできあがりです。

2. 相当算

そのすぐ後だな！ オレらがもらってきたスイカを冷やすために，水を使ったのは。

は～？
何か言った？
コウジーっ

スイカもらったの？

散歩してたら，近くの農家のオジさんに呼び止められてなーっ

それはあやしまれていたんじゃない!?

何しに来たのかって聞かれたんだ。キャンプに来たって答えたら，スイカをどうぞって言われてよ。まぁ，ことわるのも悪いんで，ありがたくもらったワケよ。

みんなでお食べ…

あざーっす
ところで
キャンプ場は…

マメ知識 "あざーっす" は，"ありがとうございます" の意味だよ。

2. 相当算

その時の様子が目にうかぶようだわ！

コウジくん。スイカを冷やすのに、水はどれくらい使ったの？

残ってたうちの半分さ！

で、いま、わたしたち3人がコップで1ぱいずつ水を飲んだらなくなったのよ。コップは200mℓ入るから、200×3＝600 つまり、600mℓ残ってたってわけね。

そうですね。

このポリタンクに水はどれくらい入るんだろう？

マメ知識▶ 分数の歴史は小数よりずっと古いんだよ。分数は今から4000年以上も前のエジプトやバビロニアで使われていたんだって。一方、小数の登場は、1585年のことなんだ。

2. 相当算

ポリタンクいっぱいに入っていた水を全体の $\frac{7}{8}$ だけ使ったら，残りは600mlになりました。
ポリタンクには，水が何l入っていましたか。

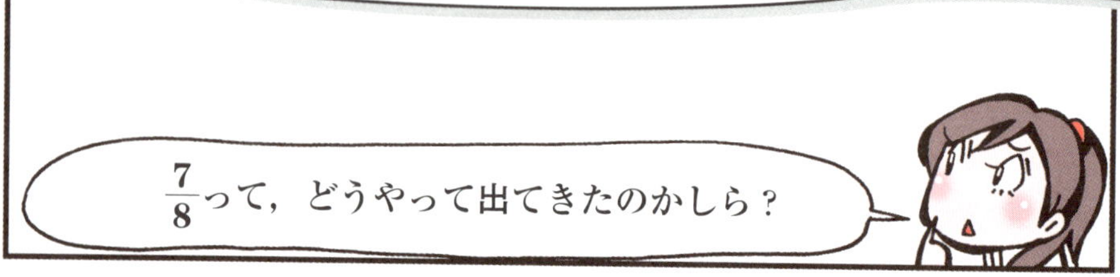

$\frac{7}{8}$ って，どうやって出てきたのかしら？

水を全体の $\frac{7}{8}$ だけ使ったというのは，使った人たちの話を順に考えていくとわかるわよ。はい，アイ。

話を整理しましょう。とちゅう，レシピのしょうかいで話がそれたし。

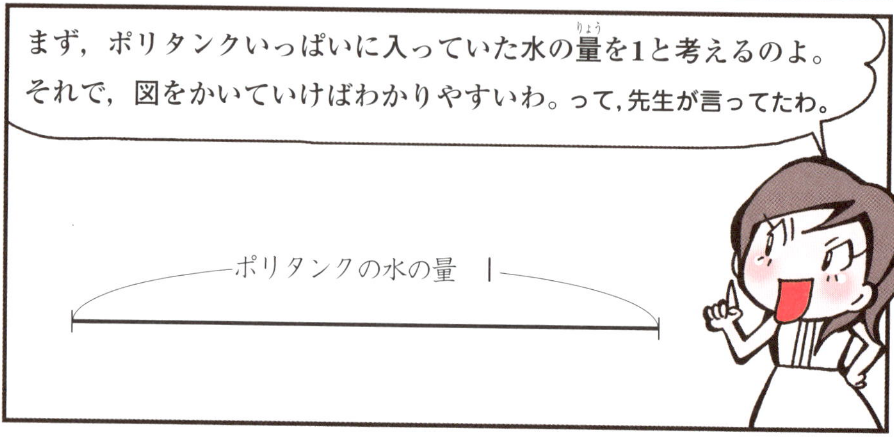

まず，ポリタンクいっぱいに入っていた水の量を1と考えるのよ。それで，図をかいていけばわかりやすいわ。って，先生が言ってたわ。

ポリタンクの水の量　1

マメ知識 レシピというのは，料理の調理法のことだよ。ふつう，手順や作り方までふくめるけど，分量や配合を示す場合もあるよ。

2. 相当算

はじめ，わたしがお米をたくためにポリタンクの半分の水を使ったから，使った量は$\frac{1}{2}$ね。
残った量は，$1-\frac{1}{2}=\frac{1}{2}$で，$\frac{1}{2}$になるわ。

――ポリタンクの水の量――
お米をたくのに使った量 $\frac{1}{2}$

次に，ぼくがカレーを作るために，残った水の半分の量を使ったから，使った量は，$\frac{1}{2}\times\frac{1}{2}=\frac{1}{4}$
残った量は，$\frac{1}{2}-\frac{1}{4}=\frac{1}{4}$で，$\frac{1}{4}$だ。

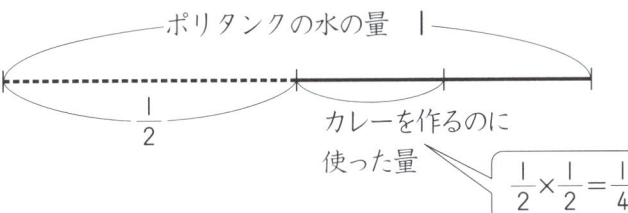

そして，オレがスイカを冷やすために，残った水の半分の量を使ったから，使った量は，$\frac{1}{4}\times\frac{1}{2}=\frac{1}{8}$

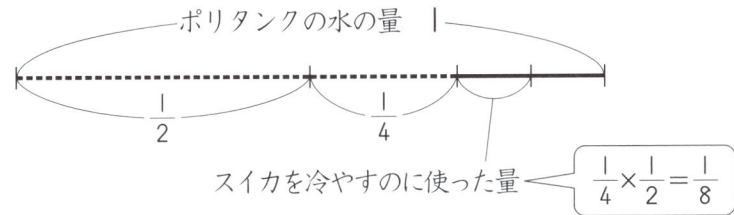

 線の長さのちがいを利用して，数量の関係を表した上のような図を「線分図」というよ。

2. 相当算

使った量全体を求めるには、アイの使った量$\frac{1}{2}$とケンジの使った量$\frac{1}{4}$、それにコウジの使った量$\frac{1}{8}$をたせばいいのね。

式に表すとこうなるわね。たしかにポリタンクに入っていた水の量の$\frac{7}{8}$だけ使ったことがわかるでしょ。

アイの使った量、ケンジの使った量、コウジの使った量をたすと、

$$\frac{1}{2} + \frac{1}{4} + \frac{1}{8} = \frac{4}{8} + \frac{2}{8} + \frac{1}{8}$$
$$= \frac{7}{8}$$

使った水の量は全体の水の量の$\frac{7}{8}$

これで、ポリタンクいっぱいに入っていた水を、全体の$\frac{7}{8}$だけ使ったら600mℓ残った、という話に整理できたわ。

2. 相当算

図に表すと

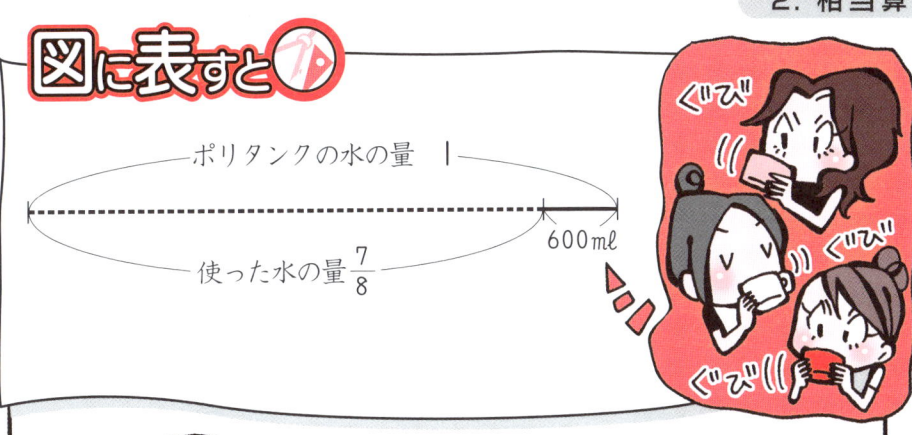

その残った水600mLを，ミサト先生たちが飲んじゃったけどネ。

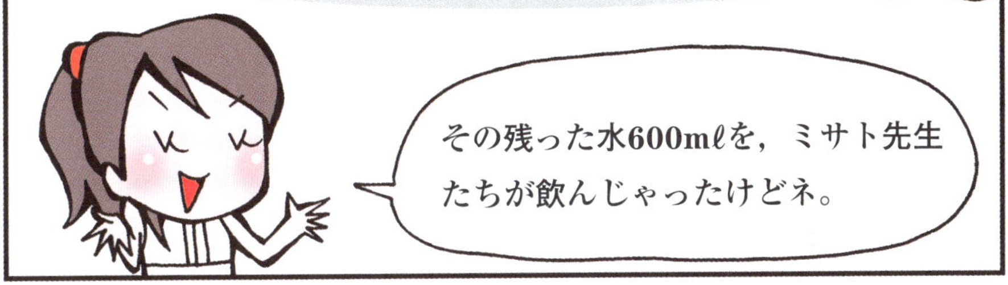

コレが大事

はじめの水の量を1とみて，残った水の量600mLがはじめの量のどれだけにあたるかを考える。

はじめの量，つまりポリタンクに入っていた水の量を求めるには，まさにコレが大事なんだね！

そこは，わたしが言いたかったのにィ…

そうだね

2. 相当算

残った量は，はじめの量から使った量をひけば求められるわね。

（はじめの水の量）−（使った水の量）
＝（残った水の量） より，

$$1 - \frac{7}{8} = \frac{1}{8}$$

残った水の量は，はじめの水の量の $\frac{1}{8}$

残った水の量600mLは，はじめの量，つまり，ポリタンクに入っていた水の量の $\frac{1}{8}$ にあたります。

ポリタンクに入っていた水の量を □mL として，かけ算の式に表すとこうなるわよ！

ポリタンクに入っていた水の量を □mL とすると，

$$□ \times \frac{1}{8} = 600$$

よいこらせっ

2. 相当算

$$\Box \times \frac{1}{8} = 600 \text{ より},$$
$$\Box = 600 \div \frac{1}{8}$$
$$= 600 \times 8$$
$$= 4800$$

ポリタンクに入っていた水の量は 4800mℓ

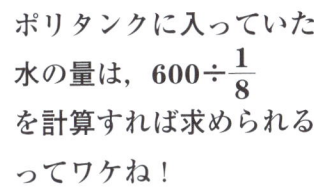

ポリタンクに入っていた水の量は，$600 \div \frac{1}{8}$ を計算すれば求められるってワケね！

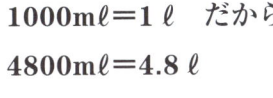

1000mℓ＝1ℓ だから，
4800mℓ＝4.8ℓ
けっこう入るね。

1000mℓ＝1ℓ より， 4800mℓ＝4.8ℓ

ポリタンクに入っていた水の量は 4.8ℓ

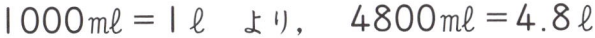

 水のかさの表し方には，いろいろあるよ。1000mℓ＝1ℓ さらに，1ℓ＝1000cm^3 でもあるんだ。このことから，1mℓ＝1cm^3 であることがわかるね。

2. 相当算

入試問題に挑戦!! －いろいろな相当算－

1 本全体のページ数

A君は，ある本をきのうは全体の25％を読み，今日は全体の $\frac{1}{6}$ を読んだところ，残りが224ページになりました。この本は何ページありますか。 〈横浜中〉

解き方 ▶▶▶

◆ 本全体のページ数を①とする。

きのうは全体の25％ ⇨ $\frac{1}{4}$，

今日は全体の $\frac{1}{6}$ を読んだから，

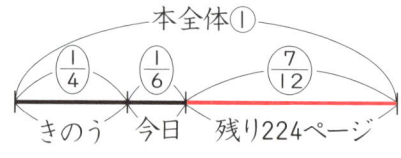

残りの224ページは，本全体の，

$1 - \left(\frac{1}{4} + \frac{1}{6}\right) = \frac{7}{12}$ にあたる。

◆ ①にあたる本全体のページ数は，

$224 \div \frac{7}{12} = 384$（ページ）

答え 384ページ

解法ポイント

1にあたる量（もとにする量） ＝ 割合にあたる量（くらべられる量） ÷ 割合

2 リボン全体の長さ

ある長さのリボンを姉と妹で分けました。姉はリボン全体の $\frac{1}{3}$ の長さをもらい，妹は姉のリボンの $\frac{3}{4}$ にあたる長さをもらったところ，残ったリボンの長さは5mでした。このリボン全体の長さは何mですか。〈関東学院六浦中〉

解き方 ▶▶▶

◆ リボン全体の長さを①とする。

姉はリボン全体の $\frac{1}{3}$ の長さ，

妹はリボン全体の $\frac{1}{3} \times \frac{3}{4} = \frac{1}{4}$ の

長さをもらったから，

残りの5mは，リボン全体の，

$1 - \left(\frac{1}{3} + \frac{1}{4}\right) = \frac{5}{12}$ にあたる。

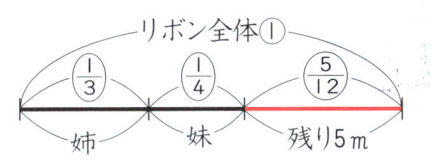

◆ ①にあたるリボン全体の長さは，

$5 \div \frac{5}{12} = 12$ (m)

答え 12m

解法ポイント

全体を1，全体に対するもらった割合を△とすると，
残りの割合＝1－△

いろいろな相当算

3 もらったお年玉の金額

ゆりさんはお年玉をもらったので，お年玉の $\frac{2}{5}$ を貯金し，残りの $\frac{5}{6}$ でデジタルカメラを買ったところ，2000円残りました。お年玉はいくらもらいましたか。　〈西南女学院中〉

解き方 ▶▶▶

◆ もらったお年玉の金額を①とすると，**残りの金額2000円は，**
$1 \times \left(1 - \frac{2}{5}\right) \times \left(1 - \frac{5}{6}\right) = \frac{1}{10}$
にあたる。　→貯金した残り

◆ もらったお年玉は，
$2000 \div \frac{1}{10} = 20000$（円）

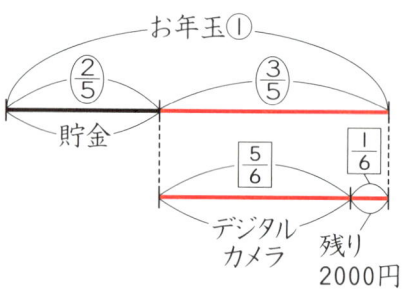

答え 20000円

(別の解き方)

◆ 貯金した残りは，$2000 \div \left(1 - \frac{5}{6}\right) = 12000$（円）

◆ もらったお年玉は，$12000 \div \left(1 - \frac{2}{5}\right) = 20000$（円）

解法ポイント

残りの金額が，**もらったお年玉の金額**（1とする）**のどれだけの割合にあたるか**を考える。

4 本のねだん

Aさんはおこづかいで本を買ったら1360円あまりました。本のねだんはAさんが最初持っていたおこづかいの$\frac{3}{5}$より240円高いです。本のねだんは何円ですか。　〈品川女子学院中〉

解き方▶▶▶

◆ 最初持っていたおこづかいを①とすると，右の図より，
1360＋240＝**1600（円）**は，
$1-\frac{3}{5}=\frac{2}{5}$ にあたる。

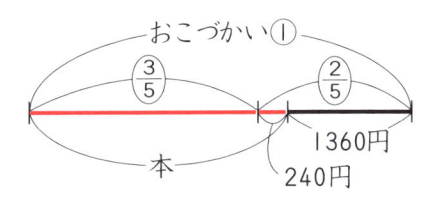

◆ 最初持っていたおこづかいは，
$1600÷\frac{2}{5}=4000$（円）

◆ 本のねだんは，
4000－1360＝2640（円）

答え 2640円

解法ポイント

あまった金額と240円との和は，最初持っていたおこづかいの$\frac{2}{5}$であることに着目する。

いろいろな相当算

5 びんの重さ

びんの中に牛乳が入っています。牛乳が入ったままびんの重さをはかったら210gありました。牛乳を24%飲んで，また重さをはかったら168gありました。びんだけの重さは何gですか。

〈桐光学園中〉

解き方 ▶▶▶

◆ はじめにびんに入っていた牛乳の重さを①とすると，**重さの差** $210-168=$ **42(g)** は，24% ⇨ **0.24** にあたる。

◆ ①にあたる牛乳の重さは，
 $42 \div 0.24 = 175 (g)$

◆ びんだけの重さは，
 $210 - 175 = 35 (g)$

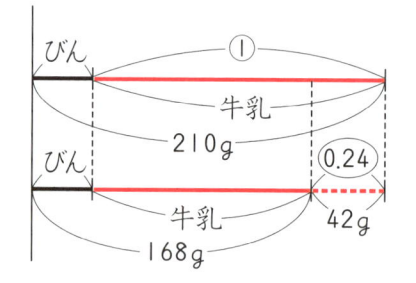

答え 35g

解法ポイント

びんに入った牛乳の飲む前と飲んだ後の**重さの差**は，**飲んだ牛乳の重さに等しい。**

3 過不足算

品物を配ったとき，あまったり不足したりする関係から，人数や品物の個数を求める問題を，過不足算といいます。

のぞみー 待ってよーっ

あれ，かなえ〜 どうしたの？

スタスタ

いっしょに帰ろうと思ったのに，ひとりでスタスタ先に行っちゃうんだもん〜。

ハァハァ

歩くのはやいよー

わたし，歩くはやさにはすごく自信があるの!!

グッ

すごい自信だねっ

キタムラスポーツに寄ろうと思って，とくにはやく歩いてたんだけど…。

うん，まだ大丈夫そう！

キタムラスポーツ？

3. 過不足算

3. 過不足算

3. 過不足算

3. 過不足算

問題

何人かの子どもにおにぎりを配ります。1人に5個ずつ配ると8個足りなくなり、1人に3個ずつ配ると12個あまりました。

子どもの人数は何人ですか。

マメ知識 ▶ 風水は、むかしからの中国の思想、つまり、考え方だよ。都市、住まい、建物、お墓などの位置を決めるために用いられてきたんだ。

3. 過不足算

という問題になるわけよ。

そっかー、ということは、ははーんなるほど…。

どういうこと?

わかった。ゆっくり説明していくからね…。

考え方はいろいろあるけど、ほかの種類の文章題を解くときにも役立つから、面積図をかいてみよっか。

メインスープ?

面積図!!
図をかくの!

スープじゃない!

わかった! おにぎりをまず5個ずつだから…。あー路線図がジャマ!

バス停にかいちゃダメだって!

ノートにかこう!

> **マメ知識** 算数の文章題では、問題の種類に合わせて図をかくと、数量の関係がわかりやすくなるよ。

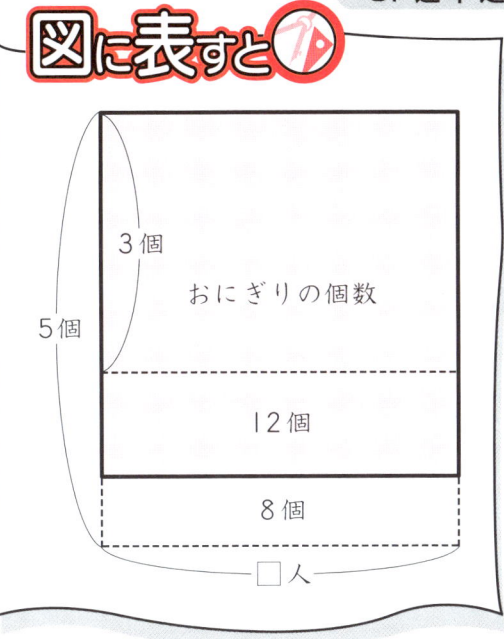

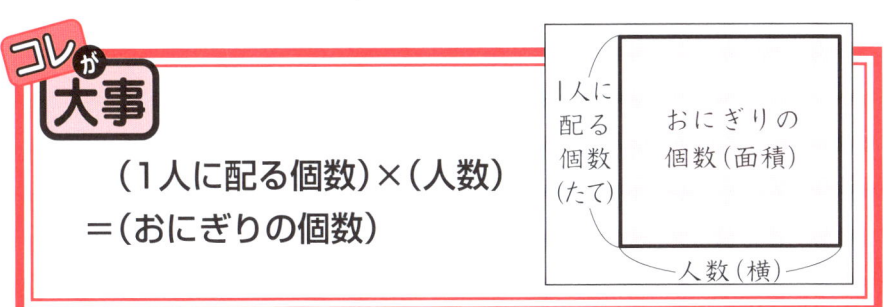

3. 過不足算

図に表すと

図に表すとこんなふうになるの。

長方形をかくのね。
1人に配る個数をたての辺にとって，人数を横の辺にとってあるんだ。

3個
5個
おにぎりの個数
12個
8個
□人

そう，でもって
長方形の面積が何を表すか，考えるといいのよ。

面積は，たて×横だから，
(1人に配る個数)×(人数)
ってことなのね。そうか，面積は(おにぎりの個数)を表してるんだ～！

そっか

コレが大事

(1人に配る個数)×(人数)
＝(おにぎりの個数)

1人に配る個数(たて)
おにぎりの個数(面積)
人数(横)

3. 過不足算

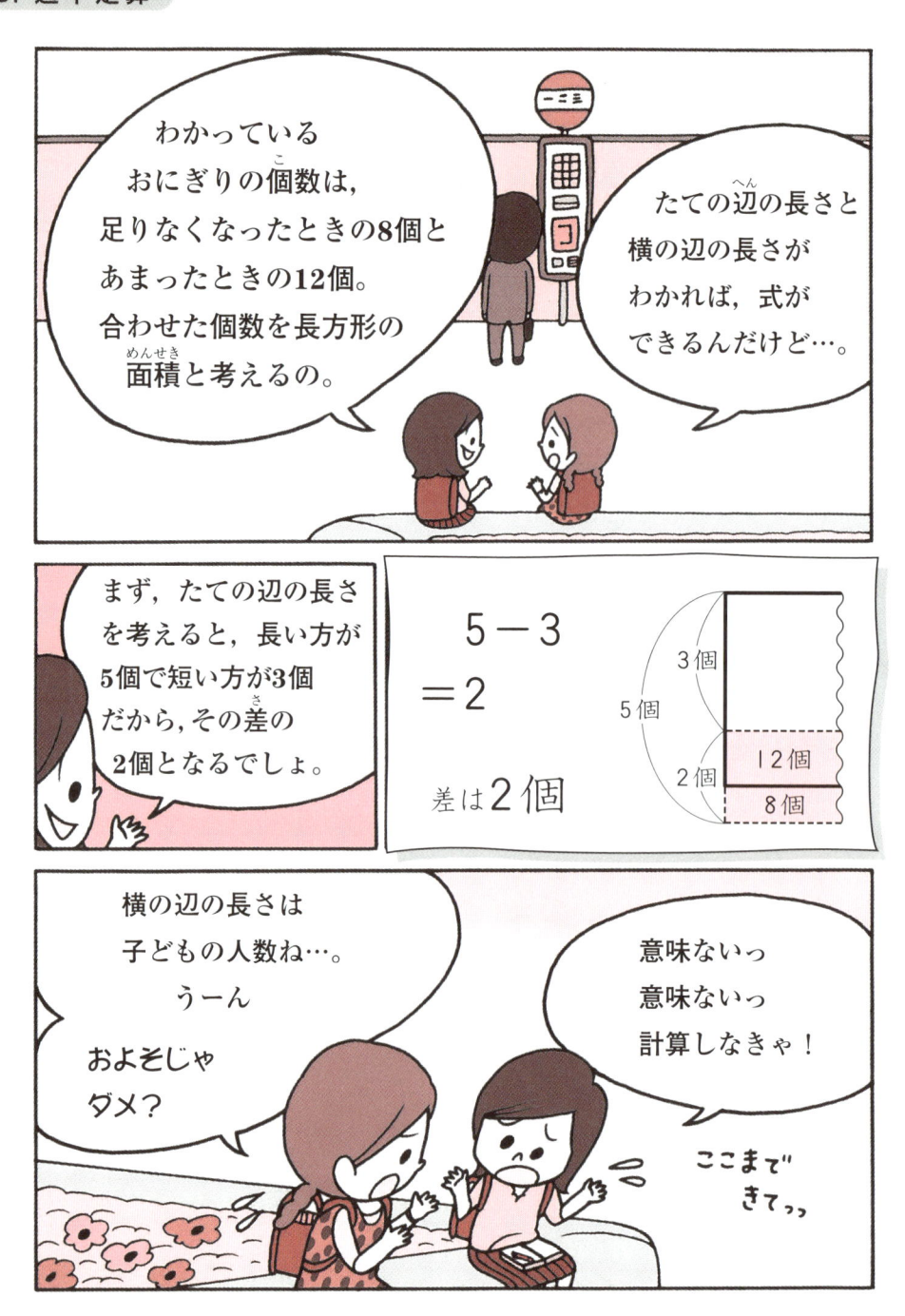

わかっているおにぎりの個数は，足りなくなったときの8個とあまったときの12個。合わせた個数を長方形の面積と考えるの。

たての辺の長さと横の辺の長さがわかれば，式ができるんだけど…。

まず，たての辺の長さを考えると，長い方が5個で短い方が3個だから，その差の2個となるでしょ。

$5 - 3 = 2$

差は2個

3個
5個
2個
12個
8個

横の辺の長さは子どもの人数ね…。うーん

およそじゃダメ？

意味ないっ意味ないっ計算しなきゃ！

ここまできてっっ

48

3. 過不足算

子どもの人数を□人として、式をつくると…。

子どもの人数を□人とすると、

$2 \times \square = 12 + 8$

$2 \times \square = 20$

$2 \times \square = 20$ だから、人数、つまり□を求める式は20÷2で…。

$\square = 20 \div 2$

$= 10$

子どもの人数は 10人

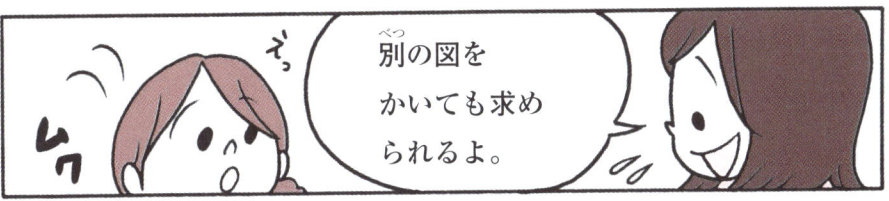

わー！ 10人だ！答えが出た!!

ほら、1人足りないでしょ？

わー！ 1人足りない！サッカーって11人でやるんだよねーっ！

バタン

花が！花が！

別の図をかいても求められるよ。

え っ

3. 過不足算

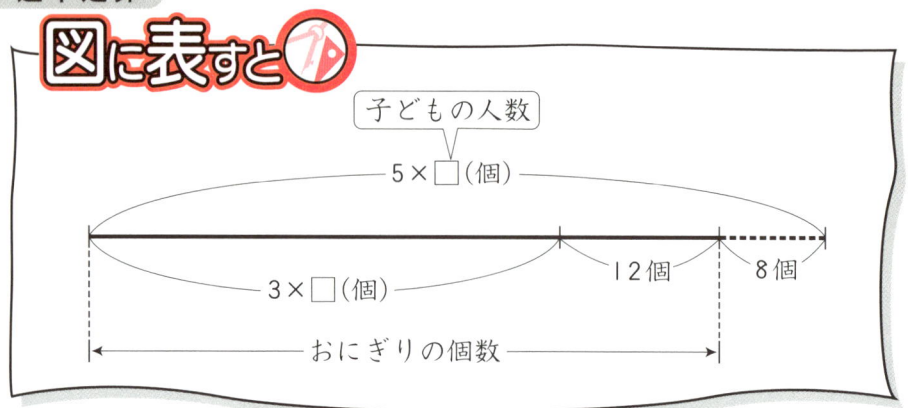

図に表すと ㋐

```
              子どもの人数
         ┌────5×□（個）────┐
         ├──────────────┼──12個──┤8個│
         └───3×□（個)───┘
         ├──────おにぎりの個数──────┤
```

よく見る直線の図だね。

1人に5個ずつ配る場合と
1人に3個ずつ配る場合との
全体の個数の差は，
12＋8＝20
　　　　　個数の差は　20個

5個ずつ配る場合と
3個ずつ配る場合では，
20個の差が出ることに
なるでしょう。

この差は，1人に配る個数の差が集まったものなの。

さっき面積図で
考えた，たての辺の
長さの差ね。
5－3＝2で2個！

1人に配る個数の差は，
5－3＝2
　　　　個数の差は　2個

子どもの人数を□人として，式をつくると…

およそじゃなく‥

> **マメ知識▶** 線の長さのちがいを利用して，数量の関係を表した上のような図を「線分図」というよ。

3. 過不足算

子どもの人数を□人とすると，
$2 \times \square = 20$

さっきと同じ式
$2 \times \square = 20$になるから，
人数，つまり□を求める
式は，$20 \div 2$で10

$\square = 20 \div 2$
$= 10$

子どもの人数は　10人

わー！　10人だ！
答えが出た!!

わー！　1人足りない！
サッカーって11人でやるんだよねーっ！

さっき1回
出したでしょ，答え!!
まったく同じセリフ
言ってるよ！

ところで，のぞみ
時間は大丈夫？

わ，やばい。
早く行か
なきゃ
キタスポ
しまっちゃう
急ごう！

「キタスポ」って略すんだっ

3. 過不足算

3. 過不足算

マメ知識 ▶ 過不足算には，今回のようなあまりと不足が出る配り方の問題だけでなく，両方ともあまりが出る配り方の問題もあるよ。くわしくは，次のページからの問題を見てみよう。

入試問題に挑戦!! ーいろいろな過不足算ー

1 あまりと不足が出る配り方

　何人かの子どもにお菓子を配ろうとしています。1人に11個ずつお菓子を配ると14個あまりますが，13個ずつ配ると4個足りなくなります。子どもは何人いますか。また，お菓子は全部で何個ありますか。　　〈日本大第三中〉

解き方 ▶▶▶

◆ **たてを1人分のお菓子の個数，横を子どもの人数**とした右の面積図で，太線部分の**長方形の面積は，お菓子の個数**を表している。

◆ 子どもの人数を□人とすると，赤い色をつけた部分の面積（あまりと不足の合計）より，
(13−11)×□=14+4，2×□=18
したがって，□=18÷2=9（人）

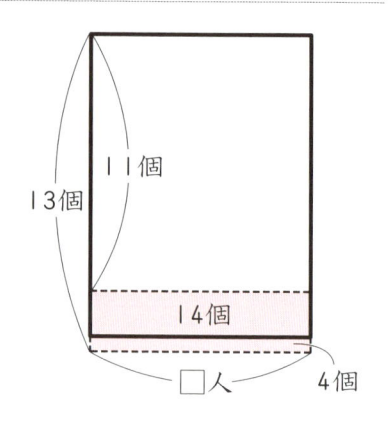

◆ お菓子の個数は，
11×9+14=113（個）

答え 子ども…9人，お菓子…113個

解法ポイント
2通りの配り方による個数の差
＝あまりと不足の合計

2 両方ともあまりが出る配り方

クッキーを何人かの子どもに分けます。1人6個ずつ分けると15個あまり、1人8個ずつ分けると5個あまります。1人に何個ずつ分けると5個足りなくなりますか。

〈明治大付中野八王子中〉

解き方 ▶▶▶

- **たてを1人分のクッキーの個数、横を子どもの人数**とした右の面積図で、太線部分の**長方形の面積は、クッキーの個数**を表している。

- 子どもの人数を□人とすると、赤い色をつけた部分の面積（あまりの差）より、
 $(8-6) \times □ = 15-5$, $2 \times □ = 10$
 したがって、$□ = 10 \div 2 = 5$（人）

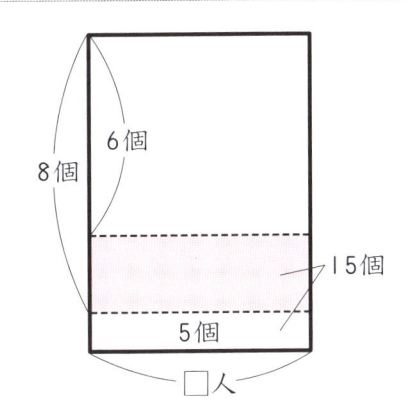

- クッキーの個数は、$6 \times 5 + 15 = 45$（個）

- クッキーを5人の子どもに分けるとき、5個不足するのは、1人に、$(45+5) \div 5 = 10$（個）ずつ分けるときである。

答え 10個

解法ポイント

2通りの配り方による個数の差
＝2通りの配り方のあまりの差

いろいろな過不足算

3 長いすにすわる問題

> 生徒が講堂で，長いすに4人ずつすわったら12人すわれませんでした。そこで5人ずつすわることにしたら，だれもすわらない長いすが4脚残り，2人だけすわる長いすが1脚ありました。生徒は何人ですか。　〈大谷中〉

解き方 ▶▶▶

◆ **たてを長いす1脚にすわる人数，横を長いすの数**とした右の面積図で，太線部分の**長方形の面積は，生徒の人数**を表している。

◆ 長いすに5人ずつすわると，
5×4＋(5−2)＝23(人分)の席があまる。

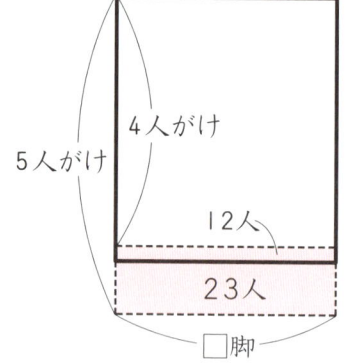

◆ 長いすの数を□脚とすると，
赤い色をつけた部分の長方形の面積より，
(5−4)×□＝12＋23　したがって，□＝35(脚)

◆ 生徒の人数は，4×35＋12＝152(人)

答え 152人

解法ポイント

○人がけの長いすで，だれもすわらないいすが△脚，□人だけすわるいすが1脚あるとき，
○×△＋(○−□)(人分)の席があまっている。

4 濃度算

食塩水にとけている食塩の割合を，濃度といいます。食塩水と食塩，水との関係を考える問題を，濃度算といいます。

お大事に。

ま待って!!

ワザとやってるわけじゃ…。朝からクシャミが止まらなくて。

カゼ?

鼻えんかなぁ?カゼかも〜〜〜のども痛いし。

学園のアイドル

ウワサよ!!きっとわたしの人気支持率が80%をこえたんだわ!!

お大事に

鼻を洗ってみたら?

4. 濃度算

4. 濃度算

だから痛くないように
特別な食塩水を
使うのよ。

特別ねぇ…。

食塩水の話はまた後で。
まずは,鼻うがいのしかたね。

鼻うがいのしかた

①特別な食塩水を用意して人はだ程度(33℃くらい)に温めます。
温めた後,うすい小皿などに入れます。

33℃

②かたほうの鼻を指でおさえ,もうかたほうの鼻から皿の食塩水をゆっくりそしてたっぷり吸いこみ,口にたまった食塩水をはき出します。

ズノー

ちーん

スッキリ〜

③食塩水をはき出した後,鼻を軽くかみます。これを何回かくり返します。

4. 濃度算

スッキリ〜
くわしいんだね。

モチロンやったことあるからね。ホントにスッキリするんだから。

特別な食塩水ってどんな食塩水なの？

濃度 つまり，こさが1%の食塩水よ。「生理食塩水」っていうよび方をするらしいわ。

●生理食塩水って？

実際には，濃度が約0.9%の食塩水です。生理的食塩水ともいいます。
人の血液や体液の濃度に近く，人体に安全であるとされています。

作ってみようか　うん

生理食塩水講座

スプーン1ぱいの食塩ならどれくらい水を加えればいいのかな？

スプーン1ぱいの食塩ね。計算できるように重さを5gにして考えてみましょう。

問題

食塩5gに水を加えて，濃度（食塩水のこさ）が1％の食塩水を作ります。
水を何g加えればよいですか。

1％の食塩水を作るには，どれくらいの重さの水が必要かって問題ね。

何してんのよ

「こさ」つまり，濃度って割合のひとつよね。

> **マメ知識** 割合を求める式を確かめておこう。割合＝比べられる量÷もとにする量 だよ。食塩水でいいかえると，比べられる量が食塩の重さで，もとにする量が食塩水の重さだね。

4. 濃度算

そう，食塩水の重さを1と考えたとき，それにとけている食塩の重さがどれだけにあたるかを表す数 つまり，**割合**よ。

図に表すと

食塩水の重さ
食塩の重さ／水の重さ
□
1

もとにする量を100 つまり，食塩水の重さを100とみた割合と考えて表せば，それが**百分率**ね。

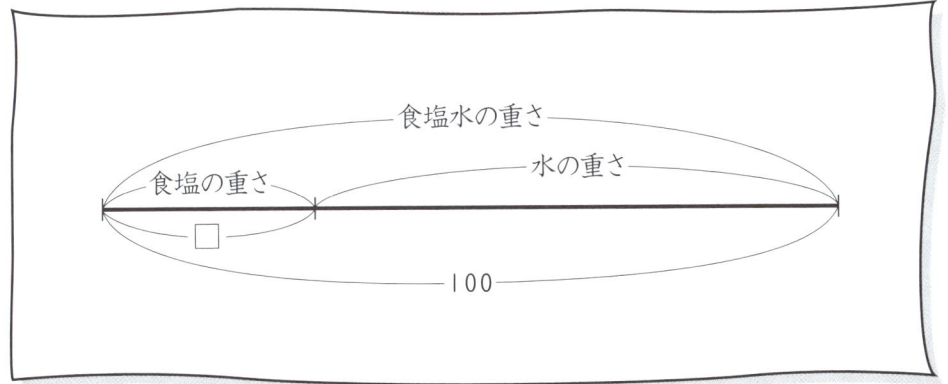

単位は パーセント %

食塩水の重さ
食塩の重さ／水の重さ
□
100

コレが大事

濃度（食塩水のこさ）＝食塩の重さ÷食塩水の重さ

食塩水の重さ＝水の重さ＋食塩の重さ

濃度の求め方をことばの式に表すとこうなるのね。

1％というのは食塩水100の中に，食塩が1ふくまれていることを表しているわけだから，1÷100を計算して…。

1％を小数で表すと，

1÷100＝0.01

1％は0.01

1％を小数で表すと，0.01

0.01×100＝1

反対に，小数で表された割合を百分率になおすときは，100をかければいいのよ。

マメ知識 食塩水のこさを求める式を，食塩の重さ÷水の重さ とまちがえやすいから，気をつけて。食塩の重さ÷食塩水の重さ だよ。

4. 濃度算

わかっているのは，食塩が5gってことと食塩水の濃度が1%ってことね。

食塩の重さと食塩水の濃度がわかっているから，食塩水の重さを求める式を考えると……。

濃度＝食塩の重さ÷食塩水の重さ　の式より，
食塩水の重さを求める式は，

食塩水の重さ＝食塩の重さ÷濃度

食塩の重さを濃度でわれば，食塩水の重さが求められるんだ!!

4. 濃度算

じゃあ、5を1でわればいいのね。

あ、待って。

1%は小数で表した0.01で計算しなきゃ。

あっ、そうか。

コレが大事

1%を小数で表すと、

1%は0.01

これが大事なのよ。
食塩水の重さは5を0.01でわって…。

食塩水の重さ＝食塩の重さ÷濃度 より、

　　5÷0.01＝500

　　　　　　　食塩水の重さは　500g

500gね!!
さっそく水を用意して。

ちょっと待って。
水を500g用意するつもり？

マメ知識 ここでは、百分率を小数で表して計算しているけど、分数で表して計算してもいいよ。

4. 濃度算

> この重さは食塩水の重さよ。求めるものは，加える水の重さでしょ。図をかいてみればホラッ。

> えっ

図に表すと ㋐

```
|←――――――― 食塩水の重さ　500g ―――――――→|
|―――――|―――――――――――――――――――|
|← 食塩の重さ →|←――― 水の重さ ―――→|
      5g              求めるもの
```

> また，やっちゃった〜。
> え〜と，500から5をひいて。

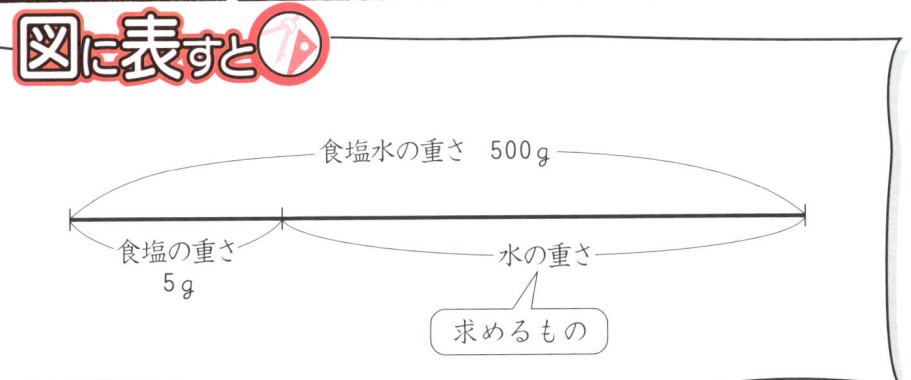

水の重さ＝食塩水の重さ－食塩の重さ より，

　　500－5＝495

　　　　　　　　　　　　加える水の重さは　495g

4. 濃度算

マメ知識▶ 濃度算には，ちがうこさの食塩水どうしを混ぜ合わせた後のこさや，食塩水から水を蒸発させたときのこさを求める問題などもあるよ。次のページからの問題を見てね。

入試問題に挑戦!! －いろいろな濃度算－

1 食塩水のこさ

次の□にあてはまる数を求めなさい。

(1) □％の食塩水400gに食塩は20gふくまれます。
〈聖学院中〉

(2) 180gの水に食塩を20g混ぜると□％の食塩水になります。
〈比治山女子中〉

解き方 ▶▶▶

(1) ◆ 食塩水のこさは，
   $20 ÷ 400 = 0.05$
   ⇨ 5％

(2) ◆ 食塩水の重さは，
   $180 + 20 = 200 (g)$
   ◆ 食塩水のこさは，
   $20 ÷ 200 = 0.1$
     （食塩水の重さ）
   ⇨ 10％

   [注意] $20 ÷ 180 = 0.111…$
       （水の重さ）
   ⇨こさを求めるのに，食塩の重さ
   ÷水の重さ としてはいけない！

解法ポイント

食塩水のこさ
＝食塩の重さ÷食塩水の重さ

アドバイス

●食塩水の公式 早わかり

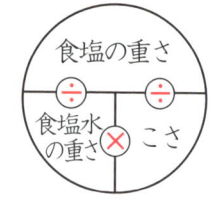

（食塩の重さ ÷ ÷ 食塩水の重さ × こさ）

※求めたいものを指でかくすと，食塩水の公式がわかる。

答え (1) 5, (2) 10

2 食塩の重さと食塩水の重さ

Aさんは15gの食塩で15%の食塩水を，Bさんは10%の食塩水150gを作りました。このとき，次の問いに答えなさい。

〈目白学園中〉

(1) Bさんの作った食塩水にふくまれる食塩の量は何gですか。

(2) Aさんの作った食塩水は何gですか。

解き方 ▶▶▶

(1) ◆ 10%（⇨0.1）の食塩水150gにふくまれる食塩の重さは，
$$150 \times 0.1 = 15 (g)$$

(2) ◆ 15gの食塩が，食塩水の重さの15%（⇨0.15）にあたるから，食塩水の重さは，
$$15 \div 0.15 = 100 (g)$$

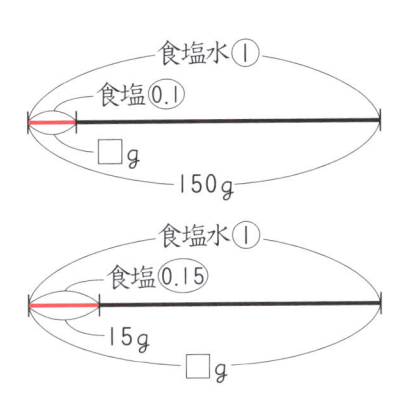

答え (1) 15g，(2) 100g

解法ポイント
- 食塩の重さ＝食塩水の重さ×こさ
- 食塩水の重さ＝食塩の重さ÷こさ

いろいろな濃度算

3 食塩水を混ぜ合わせる問題

6％の食塩水300gと10％の食塩水100gを混ぜると，何％の食塩水ができますか。 〈多摩大附聖ヶ丘中〉

解き方 ▶▶▶

食塩水のこさ	…	6%		10%		□%
食塩水の重さ	…	300g	＋	100g	➡	400g
食 塩の重さ	…	18g		10g		28g

◆ 6％（⇨0.06）の食塩水300gにふくまれる食塩の重さは，
　300×0.06＝18(g)

◆ 10％（⇨0.1）の食塩水100gにふくまれる食塩の重さは，
　100×0.1＝10(g)

◆ 混ぜ合わせてできる食塩水の重さは，
　300＋100＝400(g)
　この食塩水にふくまれる食塩の重さは，
　18＋10＝28(g)

◆ 混ぜ合わせてできた食塩水のこさは，
　28÷400＝0.07　⇨　7％

答え 7％

解法ポイント

混ぜ合わせた食塩水のこさ
＝食塩の重さの和÷食塩水の重さの和

4 食塩水に水を加える問題

> 12％の食塩水150gに水を加えたら，8％の食塩水ができました。加えた水は何gですか。　〈関東学院六浦中〉

解き方 ▶▶▶

食塩水のこさ …	12％		0％*		8％
食塩水の重さ …	150g	＋	□g	➡	150＋□ (g)
食　塩の重さ …	18g		0g		18g

＊水は0％の食塩水と考えることができる。

◇ 12％（⇨0.12）の食塩水150gにふくまれる食塩の重さは，
　150×0.12＝18 (g)
◇ 水を加えて8％の食塩水を作っても，
　ふくまれる食塩の重さは変わらず，18gのままだから，
　8％（⇨0.08）の食塩水の重さは，
　18÷0.08＝225 (g)
◇ 加えた水の重さは，
　225－150＝75 (g)

答え 75g

解法ポイント

食塩水に水を加えても，
ふくまれる食塩の重さは変わらない。

いろいろな濃度算

5 食塩水から水を蒸発させる問題

5％の食塩水が840gあります。これを7％の食塩水にするには，水を何g蒸発させればよいですか。

〈那須高原海城中〉

解き方 ▶▶▶

食塩水のこさ …	5％	0％＊		7％
食塩水の重さ …	840g	□g	➡	840－□(g)
食　塩の重さ …	42g	0g		42g

＊水は0％の食塩水と考えることができる。

◆ 5％(⇨0.05)の食塩水840gにふくまれる食塩の重さは，
　840×0.05＝42(g)

◆ 水を蒸発させて7％の食塩水を作っても，
ふくまれる食塩の重さは変わらず，42gのままだから，
7％(⇨0.07)の食塩水の重さは，
　42÷0.07＝600(g)

◆ 蒸発させる水の重さは，
　840－600＝240(g)

答え 240g

> **解法ポイント**
> 食塩水から**水を蒸発させても，**
> **ふくまれる食塩の重さは変わらない。**

5 平均算

いくつかの数量を，等しい大きさにならしたもの（平均）と，合計や個数などを考える問題を，平均算といいます。

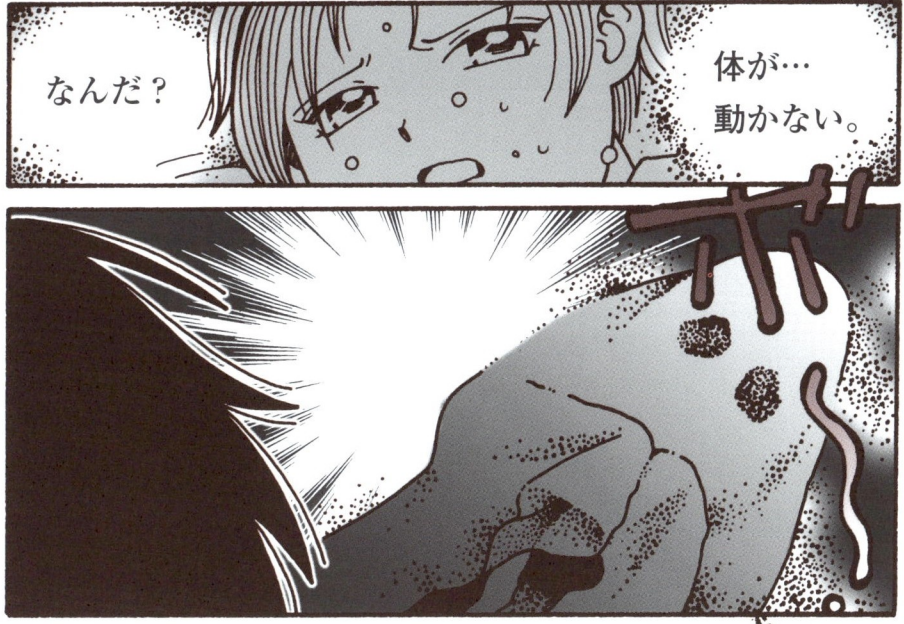

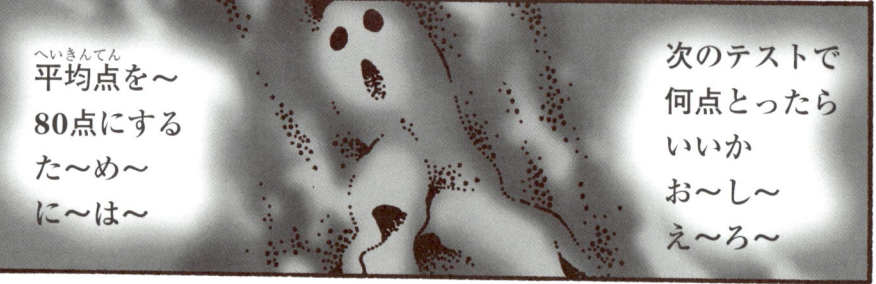

どうしてうらめしそうにオレを見るんだ。

何か言いたいことでも？

コクリ

次のテストで
何点とったら
いいか
お〜し〜
え〜ろ〜

平均点を〜
80点にする
た〜め〜
に〜は〜

なんじゃそりゃ。

双子の弟が
オバケだ
なんてえんぎ
悪い!!
バチあたりは
修二,
おまえだ!!

あきら!!
オバケに
なんてこと
するんだ。
バチが
あたるぞ。

いたいじゃないか

くそっ，朝起きたとき「ヘンな夢見たな～」って思わせたかったのに…。
どう考えたってムリがあるだろー。
アホか
ム
じゃあ手紙でも書いてクツ箱に入れとけばよかったか!?
ポ
お返事おまちしてマス
つきあってられん。
パチン
よーしわかった！
どーぞ　教えてください。
それでいーんだよ。
で？

5. 平均算

あきらくんはあんなに頭がいいのに。きっと神様が、2人分の脳ミソを用意するのを忘れたんだわ!!!

大ちがいってなんだよ!!

神さま

おっと脳ミソがたりないぞ かわりに「オミソ」を入れておこう

しゅうじ

あきら

にゃにおう

ちがうなら証明してよ。

クスッ

そうね、これから始まるテストで平均80点とったらみとめてあげる。

ってわけなんだ ひどいだろ!!

やってやる見てろよ

…別に…

プン

……どうして？

本当のことだしい。

おハカに帰リマス

あー、もどってこいもどってこい。

マメ知識 ▶ 証明っていうのは、あることがらが成り立つわけを、すでに正しいとわかっていることがらをもとにして、すじ道をたてて説明することなんだ。数学で学習するよ。

5. 平均算

問題

　国語，理科，社会の3教科のテストの平均点は75点です。算数を入れた4教科のテストの平均点は80点になります。算数のテストの得点は何点ですか。

修二，平均75点なのか。算数を入れて4教科の平均点が80点になるには，算数で何点とればいいか，という問題になるね。

そうそう!! こうやってみると算数の問題みたいだね。

わ〜♡

それで大丈夫か？ 算数のテスト…。で？ 3教科はそれぞれ何点だったんだ？

えっ

そ…それって必要なのか？

シレッ

平均点のもとになる点数だぞ！メチャクチャ必要だ。

マメ知識▶ 個数や人数は，ふつう，小数で表さないよね。でも，平均を求めるときには，個数や人数が小数になることもあるよ。

5. 平均算

耳をかせ!!

……？
2人しかいないのに？

だれかに聞かれてたらどうする。はずかしいだろ。

ダレが何を知りたいんだ……

ふむ!!
たしかに平均点は「75点」だな。

そうだよ。
はじめっから言ってるじゃん。

じゃ，さっそく計算をはじめよう!!

……本当に点数は必要だったのか？

平均点がはっきりわかったろ？

5. 平均算

> （平均点）＝（合計点）÷（教科数）
> （合計点）＝（平均点）×（教科数）

コレで修二がとらなきゃならない点数がわかるぞ。

あきら先生！わかりません。

…順を追って説明していくから…。

まずはじめに，3教科の合計点を計算するよ。75点が3教科だから…。

　国語，理科，社会，3教科のテストの平均点は75点だから，これら3教科の合計点は，

　　75×3＝225

　　　　　　　　3教科の合計点は　225点

5. 平均算

ちがうよ!! さっき言ったろ。3教科の点数は全部75点というわけじゃないよ。

いーんだよ。平均点なんだから。

?

等しい大きさにならしているだけだから,合計は変わらないよ。

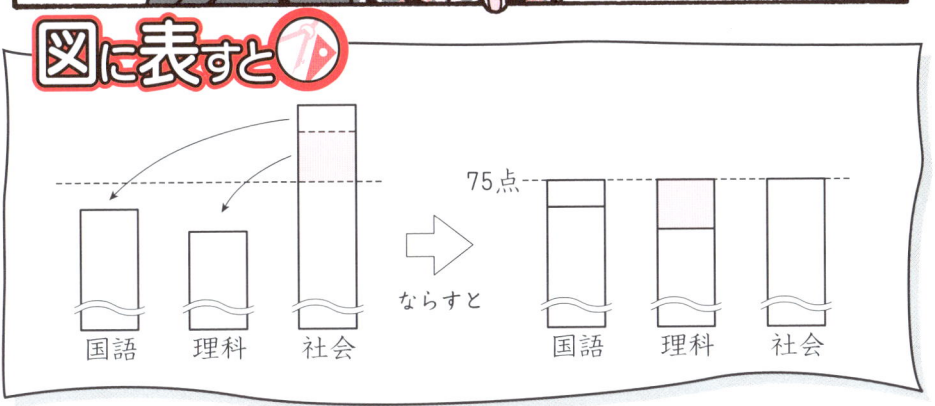

図に表すと

75点

国語　理科　社会　ならすと　国語　理科　社会

なるほど。平均点がわかっていれば,合計点は計算できるんだ。

!ってことは!!

点なんてひつようないヨン

やっと気がついたか。

マメ知識 ▶ 平均点がわかっていれば合計点はわかる。修二くんは,あきらくんに3教科それぞれの点数を教えなくてもよかったんだね。算数がニガテだと思わぬところでソンをするかも!?

5. 平均算

安心しろ。小谷にはだまっててやるから。

あたりまえだ!!

だまって手紙に書いてクツ箱に。

よんでね

おーい、いいのか？まだ点数を求めてないぞ〜。次の計算いくぞ〜。

オバケになってとおくへ飛んで行きたい

　国語, 理科, 社会, 算数, 4教科のテストの平均点は80点になる。このとき, 4教科の合計点は,
　80×4＝320

　　　　　　　　　　　　　4教科の合計点は 320点

算数を入れると4教科になるからー？

はいっ

平均80点で4教科分だから、合計320点になるわけだね。

マメ知識 ▶ 組の記録や班の記録など、人数がちがっていたら比べられないよね。このようなとき、それぞれの集団の平均を用いると、記録は比べられるようになるんだ。便利だね。

5. 平均算

3教科の合計点が225点だったね。320点からこの点数をひけば，それが算数の点数になるんだ。

国 理 社 算　　国 理 社　　算

$$320 - 225 = 95$$

算数の点数は 95点

パンパカパーン
95点をとれば平均点は80点だ!!
おめでと〜〜!!!

……………
……ははっ…
……95点……

んー？
ミソ頭には
95点は
ムリかい？

にゃにゃにおう！

だいじょうぶ，だいじょうぶ。やってやれないことはない！

小谷を見返してやるぞ!!

ぱっ

やったるで〜!!
ボ

あんまり燃えるなよ。ミソしるはふっとうするとマズくなるんだから。

ミソ ミソ 言うなー！

おやすみ——

スカ〜

そしてー…

ヤカミー!!!

5. 平均算

95点とったぞ!!

これで平均点80点だ!!

あんなにがんばったもんな〜。

修二くん！

ゴメンね わたし誤解してたわ…。

いいんだよ わかってくれただけで!!

修二くん ス・テ・キ♡

ムニャムニャ

95てーん

おーいテスト中だぞ

…起きないなあ…。

私の勝ちね。

マメ知識▶ キミの歩はばはどれくらいだろう。1歩の歩はばはいつも同じではないけど，その平均を考えれば，およその長さをはかることができるね。長さ＝1歩の歩はば×歩数 だ。

入試問題に挑戦!! ーいろいろな平均算ー

1 6回の平均点と6回目の得点

> Aさんは計算テストを5回受けました。その結果は，1回目と2回目の平均点が75点で，3回目から5回目までの平均点が79点でした。もう1回テストを受けて，6回の平均点が80点になるようにするには，6回目のテストで何点をとればよいですか。
>
> 〈大谷中〉

解き方 ▶▶▶

◆ **1回目と2回目の得点の合計**は，75×2＝150（点）で，

3回目から5回目までの得点の合計は，79×3＝237（点）

◆ **1回目から5回目までの得点の合計**は，
150＋237＝387（点）

◆ 6回のテストの合計点が，80×6＝480（点）になるようにするには，6回目のテストで，480－387＝93（点）とればよい。

1回目	75×2（点）
2回目	
3回目	79×3（点）
4回目	
5回目	
6回目	□点
合計点	80×6（点）

答え 93点

解法ポイント
- 合計点＝平均点×回数
- 平均点＝合計点÷回数

2 男子の平均点と女子の平均点

あるクラスは男子16人，女子14人の生徒がいます。このクラスで算数のテストを行ったところ，全体の平均点は73.4点で，男子の平均点は72点でした。女子の平均点は何点ですか。

〈立正中〉

解き方 ▶▶▶

◆ **男子16人の合計点**は，
  $72 \times 16 = 1152$（点）

◆ このクラスの生徒数は，
  $16 + 14 = 30$（人）だから，
  クラス全体の合計点は，
  $73.4 \times 30 = 2202$（点）

◆ **女子14人の合計点**は，
  $2202 - 1152 = 1050$（点）だから，
  女子の平均点は，
  $1050 \div 14 = 75$（点）

アドバイス
男子と女子の人数がちがうので，単純に，男子と女子の平均点の和を2でわっても，クラス全体の平均点にはならない。

答え 75点

解法ポイント

女子の平均点
＝（全体の合計点－男子の合計点）÷女子の人数

いろいろな平均算

3 平均点との差

> 春子さん，夏子さん，秋子さんの3人があるテストを受けました。秋子さんは74点で，3人の平均点は春子さんと夏子さんの平均点より6点高くなりました。3人の平均点は何点ですか。
> 〈実践女子学園中〉

解き方 ▶▶▶

◆ 右の図で，春子さん，夏子さん，秋子さんの**得点をならしたものが，3人の平均点**である。

◆ 秋子さんの得点が3人の平均点より高い部分は，
6×2＝12（点）だから，
3人の平均点は，
74－12＝62（点）

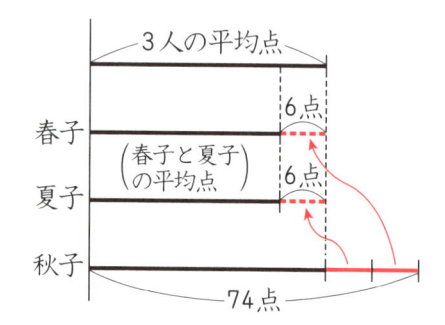

答え 62点

解法ポイント
図をかき，**秋子の得点が3人の平均点より高い部分が何点であるか**を考える。

6 分配算

品物やお金を分けるとき，ある人の量をもとに，ほかの人の量が何倍にあたるかを考える問題を，分配算といいます。

ただいまー!!
今帰ったヨ〜ン♡

ただいま，ママ♡って今日は本人が帰ってくるんだっけ…。

ガシャーン

おうっ

どうした2人とも スケートの練習の時間じゃ……。

ビールマン スピン シャキーン！
まお！

イナバウアー
まい！！

おぉ！！！
すばらしい
さすがは未来の金メダリスト。
お父さんはハナが高いぞ！！

コレは京都みやげ
ママ帰ってるのか。

って，よろこんでる場合じゃないか。

京都 おみやげ

ママっ！！
2人を止めてくれ！！

ママは出かけてるわよ！！

ギロリン

いったいケンカの原因は何なんだ……。

はぅっ

92

6. 分配算

パラパラ

コレよ!!

わあ キレイだ。

おみやげの千代紙だね。

どうしてコレがケンカの原因になるんだ!?

イイカゲンにしなさい

ガルルルルルル

ママが「まおには，まいの半分になるように千代紙を分けなさい」って言ったの。

で，お姉ちゃんは半分になるように千代紙をまおにくれたの。

ママの言ったとおりじゃないか。

マメ知識▶ 千代紙という名まえの起こりには2つあるよ。1つは，京都でおめでたい柄を刷ったのが始まりで，千代（とても長い年月）を祝う意味からつけられたという話だ。

ズルーイ

でも、お姉ちゃん分ける前にこっそり3枚取ってたんだもん!!

キレイだもんなあ すごく気に入ったんだね。

そーなの ホレボレ〜

パパはお姉ちゃんの味方なの!?

そんなことないぞっ。コラ!! ダメじゃないか キチンと分けないと。

ペロッ

で、ママはまいに何枚わたしたんだ？

30枚よ。

キー じたばた

お姉ちゃんとばっかり

…それじゃ まおは9枚 もらったんだな。

ムムム

マメ知識 千代紙という名まえの起こりの2つめ。江戸時代に、千代田城（江戸城の別の名まえ）の大奥で使われたのが始まりなのでこの名がついたともいわれているよ。

6. 分配算

ピタ

えっ, どうして わかるの？

パパは魔法(まほう)の目を持ってるから, 何でもお見とおしさ。

エヘーン

って, いうのはウソで2人の話から計算したんだよ。

すごーい どうやったの 教えて？

バッカじゃないの こんなカンタンな計算もわからないなんて。

コラ！

やっとキゲンがなおったんだからしばらく部屋へ行ってなさい

にげるの!?

あーら, いいの？ パパのタネあかし聞かなくて。

びっく

……あとでおこってやる。

ごゆっくりー

6. 分配算

問題

　30枚の千代紙を舞さんと麻央さんの2人で分けると，舞さんの枚数は，麻央さんの枚数の2倍より3枚多くなりました。

　麻央さんの千代紙の枚数は，何枚ですか。

話を整理すると，上のような問題と考えられるね。

文章題だ〜〜〜〜　エヘッ，にがてなのよね。

ちょうどいい機会だ。ヒントをあげるから考えてごらん。

できるかなあ…。

できる，できる!!　まず，まいが分ける前に3枚取ってたから…。

マメ知識　(■＋●)×▲＝■×▲＋●×▲　という計算のきまりを勉強したかな。このきまりを分配法則というよ。▲を，かっこの中の■と●にそれぞれ分配してかけているよね。

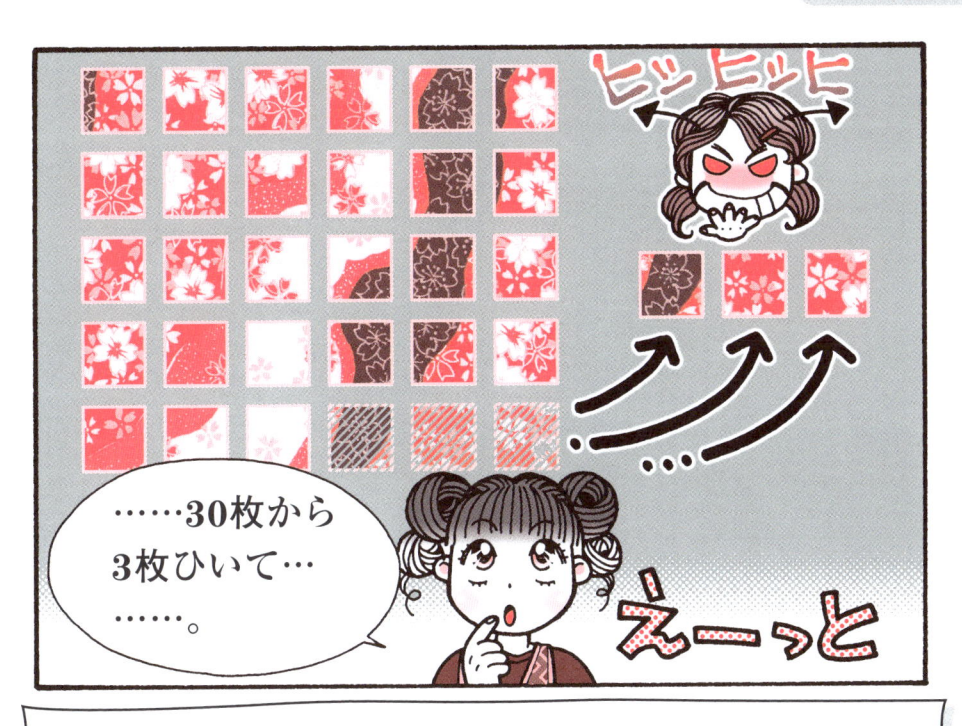

6. 分配算

……30枚から3枚ひいて………。

2人で分ける前に，千代紙は3枚少なくなっていたから，
　30－3＝27

　　　　　　　　　分けた千代紙の枚数は　27枚

27枚！
そうだね！
正解

さて…まおの枚数の2倍がまいの枚数になるわけだから…。

6. 分配算

まおから見ると，この27枚(まい)は何倍になるかな？

27枚をまおの持っている枚数でわると…。

ん〜っと

オイオイ。
求(もと)めようとしているものが「まおの持っている枚数」なんだよ。

そっかー
えへっ　まだわからないから計算できないよね。

ナイナイ

どうしたらいいんだろ。

ん〜？

考えやすいようにまおの分を"1"としてごらん。

98

6. 分配算

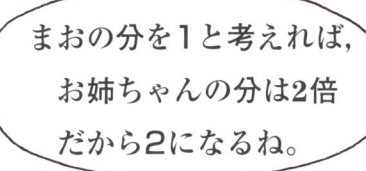

まおの分を1と考えれば、お姉ちゃんの分は2倍だから2になるね。

図に表すと

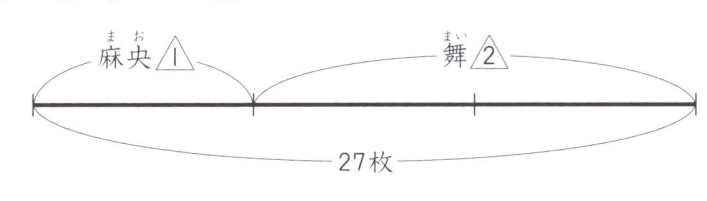

麻央 ①　　　舞 ②

27枚

全体は
1＋2＝3で
3倍だ!!

…ってことは？

コレが大事

麻央さんの分を①とすると、舞さんの分は②にあたる。
全体は、①＋② つまり、
1＋2＝3 より、3倍。

3倍
だね!!

まおの枚数の3倍が27枚になるから…,まおの枚数を□枚として,かけ算の式で表してごらん。

□×3が27枚ってことね。

□×3=

麻央さんの枚数を□枚として,かけ算の式で表すと,

$$□×3=27$$

ということは,□を求めるには?

さぁガンバレ 負けるな麻央!

えーっと

マメ知識 ここまで考えてきた問題の内容を1つの式に表すと,□×3+3=30 とも書けるね。

6. 分配算

□は,
27÷3＝9
で…

9枚!!

□×3＝27 より, □を求めると,
　　□＝27÷3
　　　＝9
　　　　　　麻央さんの千代紙の枚数は　9枚

ホントだ。
まおの枚数
は…

9枚に
なってるー！

うん，うん。
わかってよかった！

気げんも
すっかり直った
みたいだしね。

こっちも
ヨカッタ
ヨカッタ

マメ知識 □を使った式で，かけ算の逆はわり算だけど，わり算の逆は必ずしもかけ算にはならないから気をつけよう。たとえば，36÷□＝4 という式からなら，□＝36÷4 となるね。

6. 分配算

言ってくれれば
よかったのに。
シャキーー
ホラッ
わあー
スゴイ!!
マジックに
使おうと思って
買ってたのよね。
京都公演で
ウケたし。
….ホントにタネ
あるんだよね…
キラリン

入試問題に挑戦!! ―いろいろな分配算―

1 リボンを2つに分ける問題

> 長さ5mのリボンを2つに切り，長い方の長さが短い方の長さの3倍よりも80cm短くなるようにします。長い方のリボンの長さは何cmですか。　〈共立女子中〉

解き方▶▶▶

◆ 長さ5m⇨500cm のリボンを2つに分けたとき，**短い方のリボンの長さを①とする。**

◆ 右の図で，短い方のリボンの3+1=4(倍)にあたる長さは，500+80=580(cm)

◆ ①にあたる短い方のリボンの長さは，
　　580÷4=145(cm)

◆ 長い方のリボンの長さは，
　　500－145=355(cm)

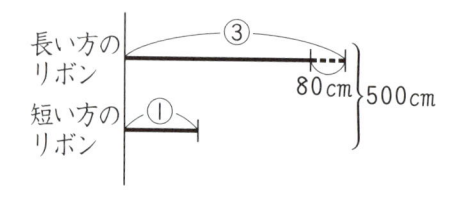

答え 355cm

解法ポイント

短い方のリボンの長さを①として図をかき，その4倍にあたる長さから求める。

2 おはじきを3人で分ける問題

314個のおはじきをA, B, Cの3人で次のように分けました。BはCの2倍もらい、AはCの5倍よりも2個多くもらいました。このとき、Aのもらったおはじきは何個ですか。

〈青稜中〉

解き方 ▶▶▶

- Cのもらったおはじきの数を①とすると、
 Aのおはじきの数は、⑤+2
 Bのおはじきの数は、②

- 右の図で、Cの5+2+1=8(倍)にあたるおはじきの数は、314-2=312(個)だから、
 ①にあたるCのおはじきの数は、
 312÷8=39(個)

- Aのもらったおはじきの数は、
 39×5+2=197(個)

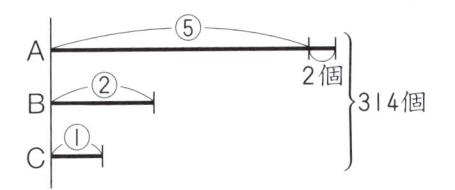

答え 197個

解法ポイント

いちばん小さい数量のCを①として、AとBの数量を、それぞれ①のいくつ分にあたるかをもとに表す。

いろいろな分配算

3 商とあまりで考える分配算

和が2003となる2つの整数があります。大きい方の整数を小さい方の整数でわると，商は3であまりが203です。大きい方の整数はいくつですか。　　　〈関西学院中〉

解き方 ▶▶▶

◆ 大きい方の整数を㊤，小さい方の整数を㊦とすると，
㊤÷㊦＝3あまり203だから，
㊤＝㊦×3＋203

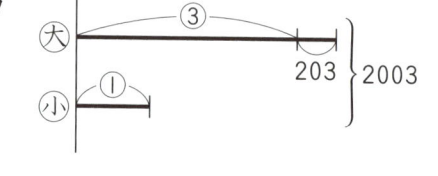

◆ ㊦を①とすると，
㊤＝③＋203

◆ 右上の図で，㊦の3＋1＝4(倍)にあたる数は，
2003－203＝1800だから，
①にあたる㊦は，
1800÷4＝450

◆ 大きい方の整数は，
2003－450＝1553

答え 1553

解法ポイント

わられる数＝わる数×商＋あまりの式で，わる数を①として，わられる数を①のいくつ分にあたるかをもとに表す。

4　2人の間でやりとりする問題

　兄弟合わせて75枚のシールを持っています。兄が弟にシールを15枚あげたら，兄の持っているシールの枚数は弟の半分になりました。兄は最初にシールを何枚持っていましたか。

〈聖園女学院中〉

解き方 ▶▶▶

◆　弟にシールをあげた後の，いま兄の持っているシールの枚数を①とする。

◆　右の図で，いま兄の持っているシールの1＋2＝3（倍）にあたる枚数は75枚である。

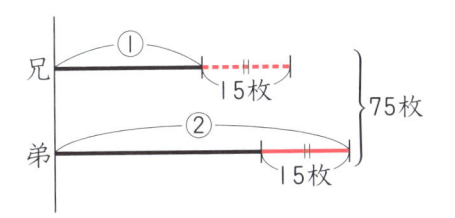

◆　①にあたるいま兄の持っているシールの枚数は，
75÷3＝25（枚）

◆　最初に兄が持っていたシールの枚数は，
25＋15＝40（枚）

答え 40枚

解法ポイント

　シールのやりとりの前と後で，
兄弟2人の持っているシールの合計枚数は変わらない。

いろいろな分配算

5 残金の差を利用する分配算

Aは1200円，Bは480円持っています。2人とも同じねだんのノートを買うと，Aの残金はBの残金の3倍になりました。2人が買ったノートのねだんはいくらですか。

〈大妻嵐山中〉

解き方 ▶▶▶

◆ 2人は同じねだんのノートを買ったから，AとBの持っているお金の差はノートを買う前と後で変わらず，1200−480＝**720(円)** である。

◆ Bの残金を①とすると，右上の図で，この720円はBの残金の3−1＝**2(倍)** にあたる。

◆ ①にあたるBの残金は，
720÷2＝360(円)

◆ ノートのねだんは，
480−360＝120(円)

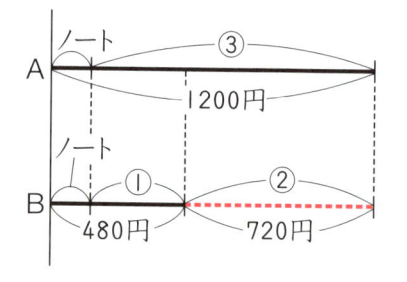

答え 120円

解法ポイント

図をかき，AとBの持っているお金の差が，Bの残金の何倍にあたるかを考える。

7 仕事算

1分や1時間，1日の仕事量と全体の仕事量との関係から，仕事にかかる時間などを求める問題を，仕事算といいます。

7. 仕事算

7. 仕事算

7. 仕事算

じゃあ、明日ね。

じゃあね〜。優

ねぇ、ちえみ。コンビニで話したお菓子のことなんだけど…。

何？

あのお菓子の生地を作るの、いっしょにやってくんない…？

いいよー。

やった〜！

2人で生地を作れば、早くできるもんね。

7. 仕事算

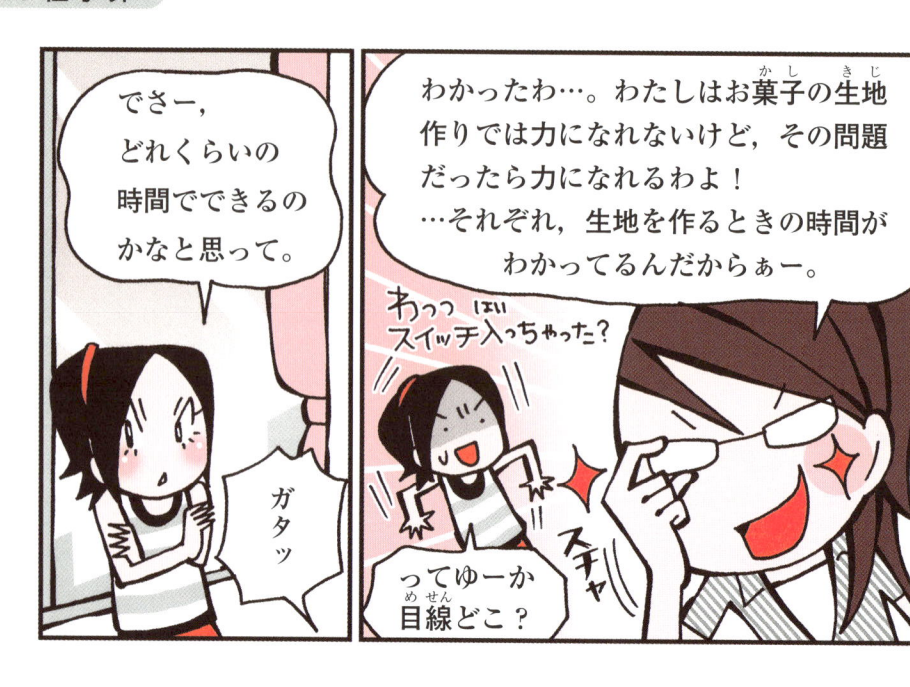

7. 仕事算

でさー，どれくらいの時間でできるのかなと思って。

わかったわ…。わたしはお菓子の生地作りでは力になれないけど，その問題だったら力になれるわよ！
…それぞれ，生地を作るときの時間がわかってるんだからぁー。

わっっスイッチ入っちゃった？

ガタッ

ってゆーか目線どこ？

問題

お菓子の生地を作るのに，伊代さん1人では30分かかり，ちえみさん1人では20分かかります。この生地を2人で作ると何分かかりますか。

きのうのコンビニでの話からすると，こんな問題になるわね。

7. 仕事算

お菓子の生地作りを仕事と考えて、この仕事全体を1とみるのよ。

どうやって考えたらいいんだろっ
優、わかる？

わかるよ。

…だよね！

> **コレが大事**
> 仕事全体を1とみて、1分あたりどれだけの仕事ができるかを考える。

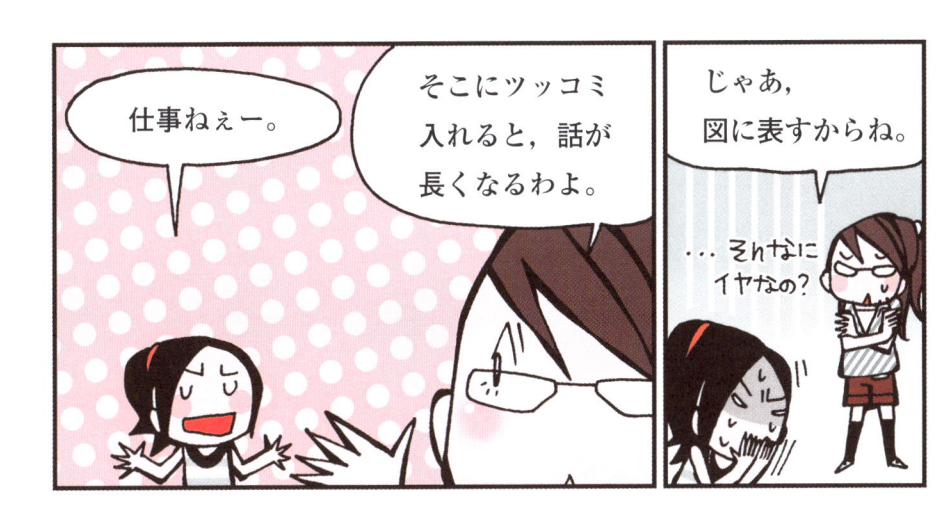

仕事ねぇー。

そこにツッコミ入れると、話が長くなるわよ。

じゃあ、図に表すからね。

…そんなにイヤなの？

7. 仕事算

図に表すと

伊代1人で作ると
- 生地作り全体 30分
- 1分 = $\frac{1}{30}$

わたし1人で生地を作ると30分かかったから，1分だと…。1を30等分して$\frac{1}{30}$

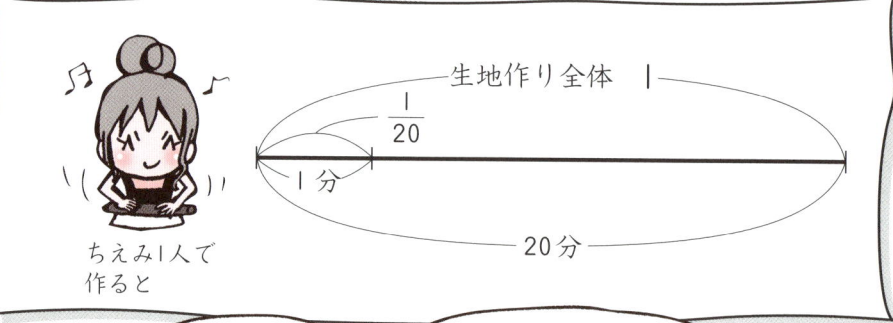

ちえみ1人で作ると
- 生地作り全体 20分
- 1分 = $\frac{1}{20}$

そうね。じゃあちえみの場合はどうなる？

ちえみ1人なら20分かかったから，1を20等分して$\frac{1}{20}$なのね。

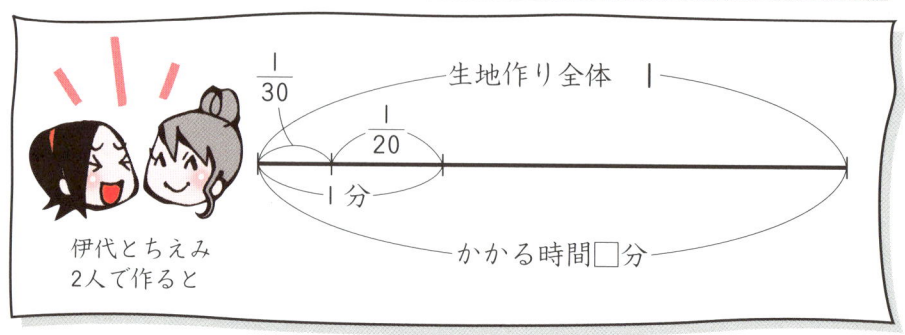

伊代とちえみ2人で作ると
- 生地作り全体
- $\frac{1}{30}$ ＋ $\frac{1}{20}$
- 1分
- かかる時間□分

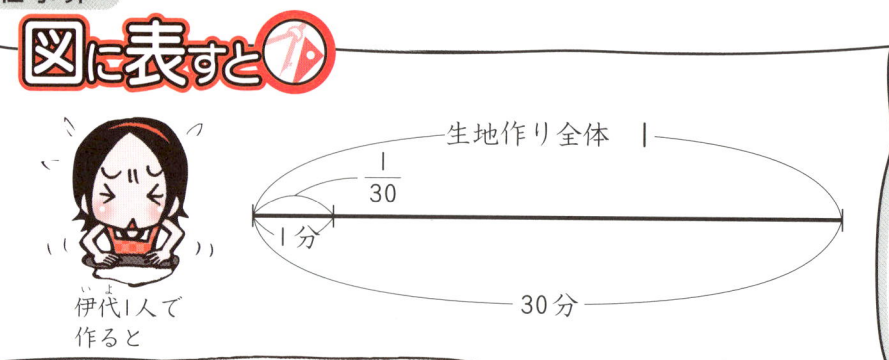

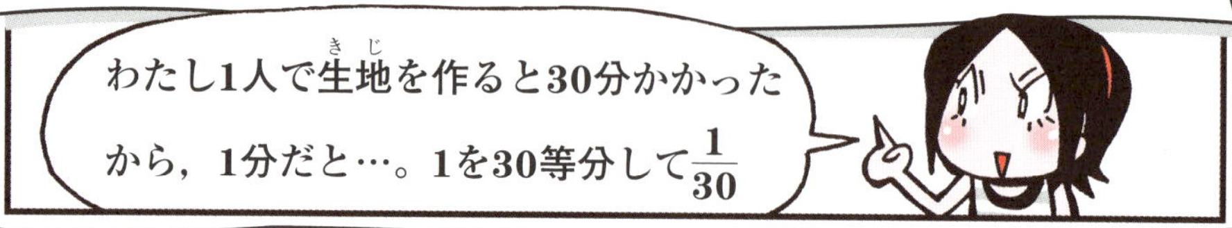

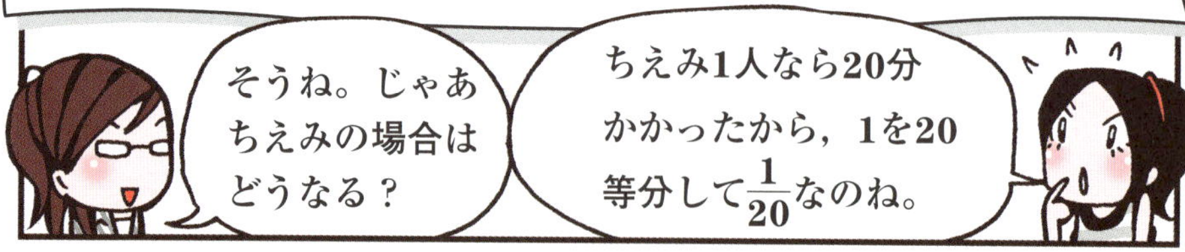

マメ知識　分子が1の分数を「単位分数」というよ。そして，真分数は，いくつかの単位分数の和として書き表すことができるんだ。

7. 仕事算

伊代1人だと1分間に仕事全体の$\frac{1}{30}$できて，ちえみ1人だと1分間に仕事全体の$\frac{1}{20}$できるね。2人いっしょなら，図のようになるでしょ。

伊代とちえみ2人で1分間にできる仕事量は，
$$\frac{1}{30}+\frac{1}{20}=\frac{2}{60}+\frac{3}{60}=\frac{5}{60}$$
$$=\frac{1}{12}$$
1分間の仕事量は $\frac{1}{12}$

わかった！ $\frac{1}{30}$と$\frac{1}{20}$をたすのね！

…つまり，$\frac{1}{12}$ これが1分間にできる仕事量ってこと。

2人いっしょなら1分間に$\frac{1}{12}$できるから，かかる時間を求めると…。

仕事全体の量÷1分間にできる仕事量
＝時間（分） より，
$$1\div\frac{1}{12}=1\times 12$$
$$=12$$
かかる時間は 12分

お菓子の生地作り全体，つまり仕事1をやり終えるのには，12分かかるってこと！

さすが！優！

よっ 大統領

7. 仕事算

別の考え方もあるわよ。比を使うけど…。

ヒ？ お菓子作るには、火を使うけど…。

な〜んちゃって じょうだんよ。

知ってるも〜ん。「：」を使った割合の表し方でしょ。

そのとおり！ 伊代とちえみの1分あたりの仕事量の比を考えるの。

1分あたりの仕事量ってわたしが $\frac{1}{30}$ で、ちえみが $\frac{1}{20}$ よね。

> **マメ知識** ▶ 割合といわれて、すぐ思いうかべるのは、1つの小数や分数で表す方法かもね。一方、割合を2つの数で表す方法が、比なんだね。

7. 仕事算

それを比で表すと，$\frac{1}{30}:\frac{1}{20}$ となるでしょ。

また分数か…

ハァ，考えづらそう…

分数のままだとね。でも，だーいじょーぶ！ 比の便利（べんり）なところは，カンタンな整数に直して表せるってところよ。

え？なんでわかったの

千里眼（せんりがん）?!

分数じゃなくなるわけね。

「：」の前の数と後の数に同じ数をかけても比は等しいままなの。分母の最小公倍数（さいしょうこうばいすう）60をかければ，整数の比で表せるわね。

にま

比 $\frac{1}{30}:\frac{1}{20}$ をかんたんな整数の比で表すと，

$$\frac{1}{30}:\frac{1}{20}=\left(\frac{1}{30}\times 60\right):\left(\frac{1}{20}\times 60\right)$$

$$=2:3$$

したがって，2：3

あっ，2：3になっちゃった！

マメ知識 ▶ 千里眼とは，その場にいながら千里先をも見通せる超能力（ちょうのうりょく）のこと。「里」は，むかしの道のりの表し方で，1里はおよそ4km　すると，千里はおよそ4000kmにもなるね！

7. 仕事算

伊代が1人で生地を作ると，30分かかるでしょ。1分あたり2の仕事を30分続けると，全体の仕事量はいくつかと考えるの。

1分あたり2の仕事を30分間したとき，全体の仕事量は，
$2 \times 30 = 60$

全体の仕事量は　60

60と表せるのね。

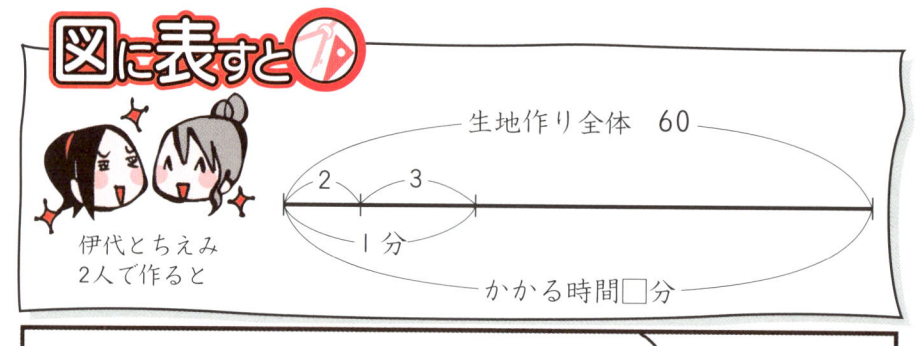

図に表すと

伊代とちえみ2人で作ると

生地作り全体　60
2　3
1分
かかる時間□分

2人の1分あたりの仕事量の比は，2：3
2人いっしょなら，1分あたり 2＋3＝5 で5の仕事ができるってことになるのよ。

全体の仕事量は60，1分あたりの仕事量が5ということは…。

かかる時間を求めると，
$60 \div (2+3)$
$= 60 \div 5$
$= 12$

かかる時間は　12分

7. 仕事算

入試問題に挑戦!! －いろいろな仕事算－

1 水そうをいっぱいにする時間

A管だけで水を入れると2時間で，B管だけで水を入れると3時間でいっぱいになる水そうがあります。A管とB管同時に水を入れると，水そうがいっぱいになるのに何時間何分かかりますか。

〈相模女子大中〉

解き方 ▶▶▶

◆ 水そう全体の水の量を1とすると，1時間に入る水の量は，

A管…$1 \div 2 = \frac{1}{2}$

B管…$1 \div 3 = \frac{1}{3}$

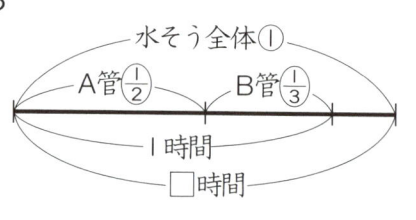

◆ A管とB管同時に水を入れると，

1時間に，水そう全体の $\frac{1}{2} + \frac{1}{3} = \frac{5}{6}$ 入るから，

水そうがいっぱいになるまでの時間は，

$1 \div \frac{5}{6} = 1\frac{1}{5}$（時間）⇨ 1時間12分

$60 \times \frac{1}{5} = 12$（分）

答え 1時間12分

解法ポイント

A管，B管は，それぞれ1時間に水そう全体のどれだけ水を入れられるかを求める。

2 仕事を仕上げる日数

村田君と小山君2人が5日間働いて，ある仕事の $\frac{3}{4}$ をしました。その後，村田君だけがさらに3日間続けたところ，すべて仕上がりました。次の問いに答えなさい。 〈成城中〉

(1) この仕事を村田君1人ですると何日かかりますか。
(2) この仕事を小山君1人ですると何日かかりますか。

解き方 ▶▶▶

(1) ◆ 全体の仕事量を1とすると，
村田君の1日の仕事量は，
$$\left(1-\frac{3}{4}\right)\div 3 = \frac{1}{12}$$
小山君の1日の仕事量は，
$$\underset{2人}{\frac{3}{4}\div 5} - \underset{村田君}{\frac{1}{12}} = \frac{1}{15}$$

◆ 村田君1人でするとかかる日数は，$1 \div \frac{1}{12} = 12$（日）

(2) ◆ 小山君1人でするとかかる日数は，$1 \div \frac{1}{15} = 15$（日）

アドバイス
- 2人で働いた仕事量の残りである $\frac{1}{4}$ を，村田君は3日間かかって仕上げている。
- 2人で5日間働いた仕事量は $\frac{3}{4}$ である。

答え (1) 12日， (2) 15日

解法ポイント

Aの1日の仕事量
＝A，B2人の1日の仕事量－Bの1日の仕事量

いろいろな仕事算

3 途中で仕事を休んだ日数

> ある仕事を仕上げるのに，A君だけで30日，B君だけで20日かかります。この仕事を2人が同時に始めましたが，A君が途中で何日間か休んでしまったので，仕上げるのに14日間かかりました。A君は何日間休みましたか。　〈帝塚山中〉

解き方 ▶▶▶

◆ 全体の仕事量を1とすると，

A君の1日の仕事量 … $1 \div 30 = \dfrac{1}{30}$

B君の1日の仕事量 … $1 \div 20 = \dfrac{1}{20}$

◆ 2人とも休まず14日間働いたとすると，その仕事量は，

$$\left(\dfrac{1}{30} + \dfrac{1}{20}\right) \times 14 = 1\dfrac{1}{6}$$

◆ A君が休んだためにできなかった仕事量は，$1\dfrac{1}{6} - 1 = \dfrac{1}{6}$ だから，

休んだのは，$\dfrac{1}{6} \div \dfrac{1}{30} = 5$（日間）

(別の解き方)

◆ B君が14日間働いた仕事量は，$\dfrac{1}{20} \times 14 = \dfrac{7}{10}$

◆ A君が働いたのは，その残りの仕事量だから，働いたのは，

$$\left(1 - \dfrac{7}{10}\right) \div \dfrac{1}{30} = 9（日間）$$

◆ A君が休んだのは，$14 - 9 = 5$（日間）

答え 5日間

解法ポイント

休んでしまったためにできなかった仕事量
＝休まずに働いたとしたときの仕事量 − 全体の仕事量

8 損益算

仕入れ値や原価，定価，利益や値引きなど，金額の関係を考えて，それぞれを求める問題を，損益算といいます。

いかがですか―？見て行ってくださ～い。

もうすぐ終わりの時間なのに……ぜんぜん売れないや。

あれ？かずきくん？

あおいちゃん

お店出してたの？あっ，このトレーナーカワイイ♡

値引きするよ。

ホント？弟に買って行こうかな。

8. 損益算

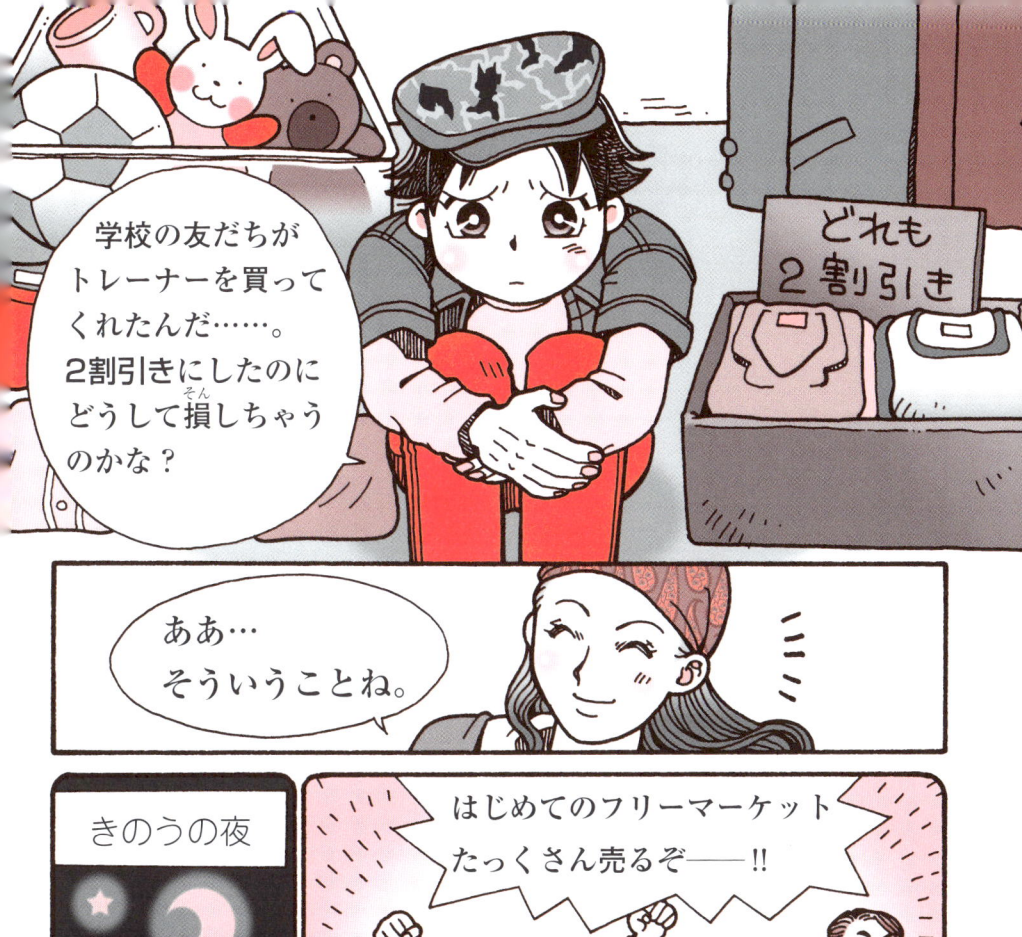

学校の友だちがトレーナーを買ってくれたんだ……。2割引きにしたのにどうして損しちゃうのかな？

どれも2割引き

ああ…そういうことね。

きのうの夜

はじめてのフリーマーケットたっくさん売るぞ——!!

じゃ，服の値ふだを作りましょ！

このトレーナーボクの？小っちゃい。

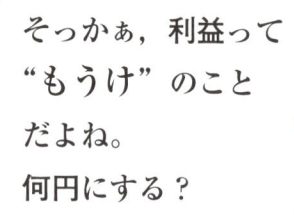

8. 損益算

8. 損益算

問題

仕入れ値が500円のトレーナーに，20％の利益を見こみます。
売り値はいくらになるでしょう。

整理すると，このような問題になるわね。
20％の利益って，わかる？

あっ

20％!!
聞いたことあるよ。
百分率だね。

小数で表すと0.2ね。

仕入れ値は
買ったときの値だんになるから，500円よ。

え〜と

マメ知識▶ 割合を表す0.01が，百分率では1％だ。もとにする量を100とみた割合の表し方が，百分率だね。割合の1は，百分率で表すと100％だよ。

8. 損益算

仕入れ値を1と考えて図に表すとわかりやすいわよ。

図に表すと

売り値
仕入れ値 1
利益0.2
500円

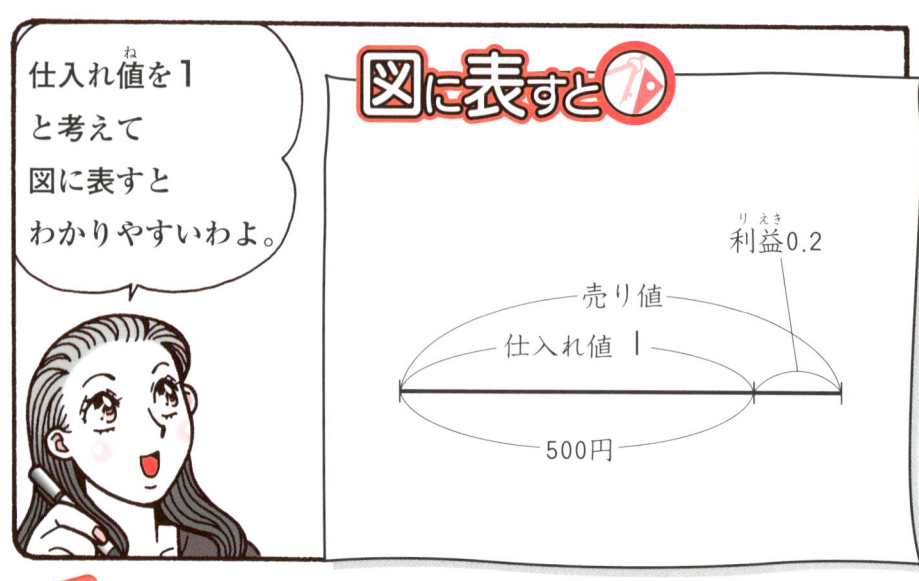

> **コレが大事**
>
> 売り値＝仕入れ値＋利益

仕入れ値1に利益の0.2をたすと1.2だね。

売り値が仕入れ値の1.2倍にあたるということよ。

仕入れ値は買ったときの値だんになるから500円っと……。500円の1.2倍を計算すると……。

マメ知識▶ 割合を求める式を確かめておこう。割合＝比べられる量÷もとにする量 だよ。ここでは、もとにする量が仕入れ値で、比べられる量が利益になるね。

8. 損益算

500円の仕入れ値に20％の利益を見こむと、売り値は、
$$500 \times (1 + 0.2) = 500 \times 1.2$$
$$= 600$$

売り値は 600円

600円だ！

正解!!

パチパチ

≪おみごとっ≫

キュキュ
600円

売れると いいな！

別の考え方でも 売り値が わかるわよ。

別の考え方？

金額になおしてみるのよ。
まず、利益はいくらになるか、
考えてごらんなさい。

8. 損益算

んーっと

利益は500円の20%を見こんだから、500×0.2を計算して…。

500円の仕入れ値に20%の利益を見こむと、利益は、
500×0.2＝100

利益は 100円

そうすると売り値は？

売り値は、仕入れ値と利益をあわせたものだから…。

売り値＝仕入れ値＋利益 より、
500＋100＝600

売り値は 600円

600円になる！

ホラね。

本当だあ。

8. 損益算

さ〜この調子でドンドン値ふだつけるよー　オー!!

2割の計算ならまちがえないと思ったから，2割引きにしたのに…。

2割も20％も同じ0.2なのに，どうして500円じゃないの？

わからないよぉ…

よしよし説明してあげるから。

問題

600円のトレーナーを2割引きで売りました。売り値はいくらになるでしょう。

マメ知識▶ 歩合と百分率を比べてみよう。割合を表す0.01が歩合では1分，百分率では1％だ。0.1が1割，百分率では10％となるね。

8. 損益算

600円のトレーナーを2割引きで売るといくらになるか。

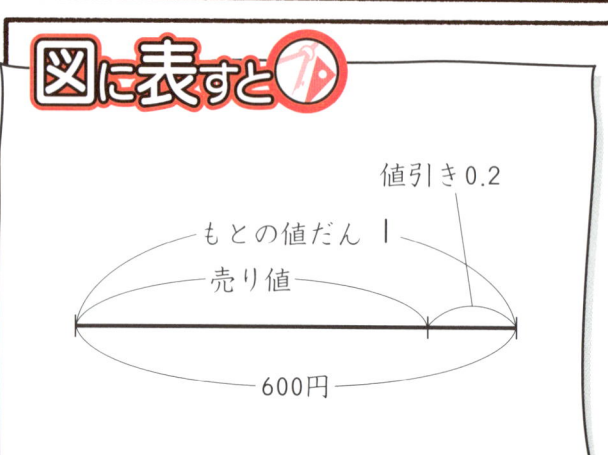

うん。

図に表すと

もとの値だん つまり600円を1と考えて図に表してみるとこうなるわね。

```
        値引き0.2
   もとの値だん 1
   売り値
   ────────────
       600円
```

コレが大事

売り値＝もとの値だん－値引きした金額

値引きした2割をひくから
1－0.2＝0.8

売り値がもとの値だんの0.8倍にあたるってことよ。

8. 損益算

もとの値だんは600円。600円の0.8倍を計算すると…。

600円のトレーナーを2割引きで売ったときの売り値は，
$$600 \times (1 - 0.2) = 600 \times 0.8 = 480$$
売り値は　480円

1と考えた金額つまり，もとになる値だんが500円と600円ではちがうからね。

それでいいのよ

あの子は先に値引きした金額を考えてたなぁ…。

えーとぉ

2割引きだから…。

マメ知識▶ 歩合や百分率を小数で表して計算しているけど，分数で表して計算してもいいよ。

8. 損益算

600×0.2＝120
だから，120円
値引きしてくれるのね？

うっ，うん。

600円のトレーナーを2割引きで売ったとき，
値引きした金額は，
　　600×0.2＝120

　　　　　　　　　値引きした金額は　120円

じゃあ代金は，
ハイ，480円!!

えっ？
うっ，うん。

売り値＝もとの値だん－値引きした金額　より，
　　600－120＝480

　　　　　　　　　　　　　売り値は　480円

きのう教えた
もう1つの
考え方ね。

そっかー……

はあ…参加費の方が高かったな。

かずきくーん

あおいちゃん!!

あのトレーナー,弟がとっても気に入ったみたい。また,明日学校でね。

うん…明日ね。
バイバーイ

かずきのヒミツがわかったし〜,参加費なんて安いモンか。

ヒミツって何だよ。そんなんじゃないもん!!

入試問題に挑戦!! －いろいろな損益算－

1 原価(仕入れ値)と定価

(1) 原価720円の品物に原価の $\frac{5}{12}$ の利益を見こんで定価をつけました。定価は何円ですか。 〈自修館中〉

(2) ある品物に，仕入れ値の20％の利益を見こんで，1020円の定価をつけました。この品物の仕入れ値は何円ですか。 〈立教池袋中〉

解き方 ▶▶▶

(1) ◆ 原価を①とすると，**原価の $\frac{5}{12}$ の利益を見こんだ定価**は，

$1 + \frac{5}{12} = \frac{17}{12}$ にあたるから，

$720 \times \frac{17}{12} = 1020$ (円)

(2) ◆ 仕入れ値を①とすると，**仕入れ値の20％(⇨0.2)の利益を見こんだ定価**は，

$1 + 0.2 = 1.2$ にあたる。

◆ ①にあたる仕入れ値は，$1020 \div 1.2 = 850$ (円)

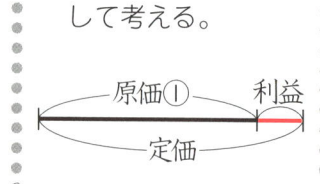

答え (1) 1020円，(2) 850円

> **アドバイス**
> ●利益率は，原価を①（もとにする量）として考える。
>
> 原価① ┃ 利益
> 定価

注意 原価のことを，仕入れ値ともいう。

解法ポイント
● 定価＝原価×(1＋利益率)
● 原価＝定価÷(1＋利益率)

2 定価と売り値

次の□にあてはまる数を求めなさい。

(1) 1700円の品物を20％引きで買うと，□円です。
〈トキワ松学園中〉

(2) 定価□円の1割引きの売り値は，990円です。
〈山脇学園中〉

解き方 ▶▶▶

(1) ◆ 定価を①とすると，売り値は定価の20％(⇨0.2)引きだから，
1－0.2＝0.8にあたる。

◆ 売り値は，
1700×0.8＝1360（円）

(2) ◆ 定価を①とすると，売り値は定価の1割(⇨0.1)引きだから，
1－0.1＝0.9にあたる。

◆ ①にあたる定価は，
990÷0.9＝1100（円）

アドバイス

● 値引き率は，定価を①（もとにする量）として考える。

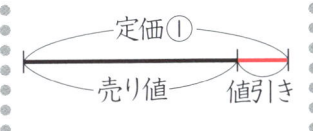

答え (1) 1360, (2) 1100

解法ポイント
● 売り値＝定価×(1－値引き率)
● 定価＝売り値÷(1－値引き率)

いろいろな損益算

3 値引きした商品の利益

> 1500円の品物に2割増しの定価をつけ，1割引きで売ると何円の利益がありますか。　〈東洋英和女学院中〉

解き方▶▶▶

◆ 原価を①とすると，**原価の2割（⇨0.2）増しの定価**は，

1＋0.2＝**1.2** にあたるから，

1500×1.2＝1800（円）

◆ 定価を①とすると，**定価の1割（⇨0.1）引きの売り値**は，

1－0.1＝**0.9** にあたるから，

1800×0.9＝1620（円）

◆ （実際の）利益は，

1620－1500＝120（円）

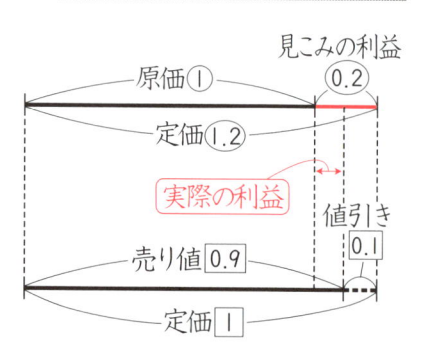

答え 120円

別の解き方

◆ 原価を①とすると，定価は，1＋0.2＝1.2

定価の1割引きの売り値は，1.2×(1－0.1)＝1.08

利益は，1.08－1＝0.08にあたる。

◆ 利益は，1500×0.08＝120（円）

解法ポイント

値引きした商品の利益＝売り値－原価

4 値引きした商品の原価

　ある商品に原価の20％の利益を見こんで定価をつけましたが、売れなかったので定価の15％引きで売ったところ、120円の利益が出ました。この商品の原価はいくらですか。

〈星美学園中〉

解き方 ▶▶▶

◆　原価を①とすると、**定価は原価の20％(⇒0.2)の利益を見こんでいる**から、
1＋0.2＝**1.2** にあたる。

◆　**定価の15％(⇒0.15)引きの売り値**は、
1.2×(1－0.15)＝**1.02** で、
利益は、1.02－1＝**0.02** にあたる。

◆　120円が0.02にあたるから、
①にあたるこの品物の原価は、
　120÷0.02＝6000（円）

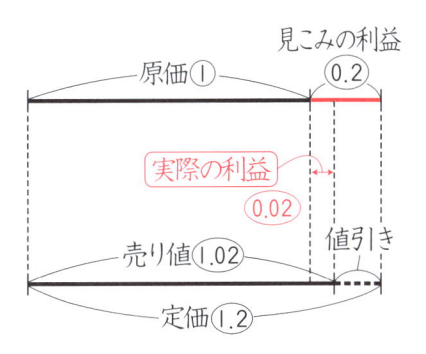

答え　6000円

解法ポイント

　原価を①として、
定価➡売り値➡利益の割合を順に求めていく。

いろいろな損益算

5 一部が売れなかったときの総利益

> 卵を1個10円で500個仕入れ，8割の利益を見こんで売ろうとしましたが，お店に運ぶ途中で20個が割れてしまいました。残りの卵がすべて売れたとすると，利益は何円ですか。
>
> 〈関東学院中〉

解き方 ▶▶▶

◆ 卵を1個10円で500個仕入れたから，仕入れ総額は，

　　10×500＝5000（円）

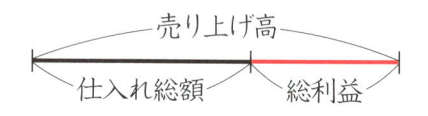

◆ **8割（⇨0.8）の利益を見こんだ卵1個の定価**は，

　　10×(1＋0.8)＝**18（円）**

売ることができた卵の数は，

　　500－20＝480（個）

◆ 売り上げ高は，

　18×480＝8640（円）だから，

利益は，

　　8640－5000＝3640（円）

答え　3640円

解法ポイント

総利益＝売り上げ高－仕入れ総額

9 ニュートン算

牛が食べる草と生える草のように，はじめにある量が減る一方，ふえる量も考える問題を，ニュートン算といいます。

あっ，オープンしたんだ！
たい焼きのお店！！

けっこう並んでるけど…
甘い物好きとしては
味を確かめてみないとネ。

あれっ，次郎くん
何やってんのかしら。

9. ニュートン算

9. ニュートン算

9. ニュートン算

ホントはお姉ちゃんが数える予定だったんだけど，お店を開けたら120人もお客さんが並んでてさ…。

お姉ちゃんは売り場の手伝いに行ったんでボクが代わりってわけ！

120人も！スゴイことじゃないの。

まあね。

今はお母さんとお姉ちゃんが売り場を2つにしてがんばってるんだ！

9. ニュートン算

9. ニュートン算

9. ニュートン算

「1分間に来店するお客さんは8人ね。」
「そうそう。」

問題

開店したとき，120人の行列ができていました。そして，1分間に8人の割合でお客が来ます。
売り場が2か所だと，開店してから行列がなくなるまでに60分かかりました。売り場1か所あたり，1分間に何人のお客がたい焼きを買っていきますか。

「1時間は60分だから，話を整理するとこんなふうになるわね。」
「うわっ，むずかしそうだなぁ。」
「順序よく考えていけば大丈夫よ!!」

マメ知識▶ 今回のニュートン算では，はじめの量，つまり，行列の人数が減っていく一方，たい焼きを買いに来る客の人数（ふえる量）を考えるんだね。

9. ニュートン算

何から考えればいいのかな？

まずは1時間，つまり60分間にたい焼きを買っていったお客さんの人数を考えるの。

えーと，1分間に8人の割合でお客さんが来るから……。

60分間に買っていった人数は8×60で求められる！

開店のときの行列を忘れているじゃない。

あっ，うっかり。

コレが大事

（60分間に買っていった客の人数）
＝（行列していた客の人数）
　＋（1分間に増える客の人数）×60

9. ニュートン算

失敗，失敗。

120人に 8×60（人）を
たせばいいんだ。

そうね。
式に表すと
こうなるでしょ。

$$120 + 8 \times 60$$
$$= 120 + 480$$
$$= 600$$

60分間に買って
いった客の人数は 600人

1時間に600人も
買っていってくれたんだ。

いける。いけるぜえ。
ウチのたい焼き屋は
大成功だぁ!!

9. ニュートン算

はいはい，未来の経営者さん！

次は，売り場1か所で1分間にたい焼きを買っていくお客さんの人数を□人として考えてみましょ！

□を使った式で，1時間に買っていくお客さんの人数を表すんだね。

調子出てきたじゃない！

売り場が2か所だから，2をかける。で，1時間に買っていく人数だから…。

1を…おっと60分っと。

図に表すとわかりやすいわよ。

図に表すと

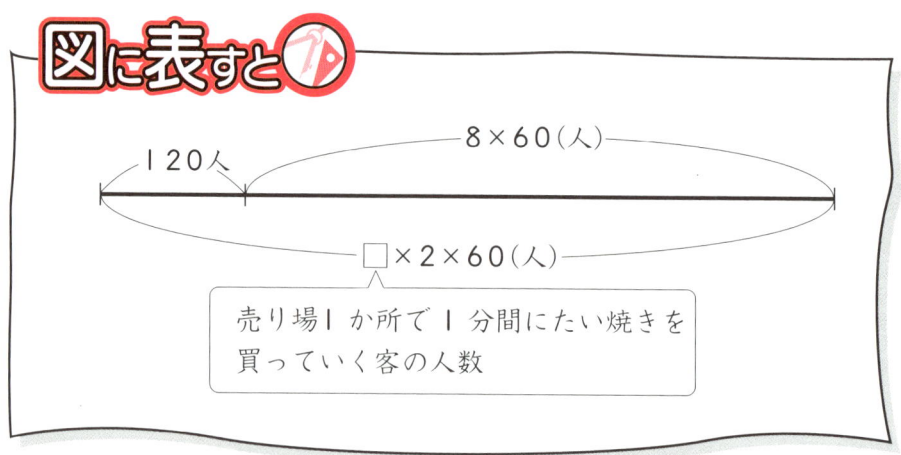

120人 ─── 8×60（人）

□×2×60（人）

売り場1か所で1分間にたい焼きを買っていく客の人数

9. ニュートン算

なるホド、□×2×60（人）が600人になるわけか。

売り場1か所で、1分間にたい焼きを買っていく客の人数を□人とすると、

$$□ \times 2 \times 60 = 600$$

この式から、売り場1か所で1分間にたい焼きを買っていくお客の人数を求めると…

うーん、と

$$600 \div 60 \div 2 = 5$$

売り場1か所で、1分間にたい焼きを買っていく客の人数は　5人

そっか、5人になるんだ。

マメ知識 □を使った式、□×2×60=600は、□×120=600と書いてもいいよ。そうすると、□を求める式は、600÷120=5となるね。

9. ニュートン算

次郎！

勉強教えてもらってよかったな！

聞いてたのお父さん。

こ，こんにちは。

そうだ。これ持っていきな！

たい焼き！いいんですか!?

ホカホカ

どうだい！よかったら将来，経営者の妻っていうのは？

え

9. ニュートン算

お父さん何言ってんだよ！

いや，ほらお嬢さん賢いからサ。

……
……

パクッ

おいしい〜♡

おっ，それじゃ考えてくれる？

やめておきます。

だってこんなにおいしいたい焼き毎日食べたら太っちゃうモン♪

ニコッ

> **マメ知識▶** ニュートン算には，ほかにも，水を入れる一方でくみ出す問題，牛が草を食べる一方，生えてくる草を考える問題などもあるよ。次のページからの問題を見てみよう。

入試問題に挑戦!! －いろいろなニュートン算－

1 券売機の台数

　ある駅前でキップを買うためにならんでいる客が600人います。券売機１台でキップを売ることができる客の人数は，１分あたり６人です。いま，１分あたり120人の割合で客が増加しているとします。駅前でならんでいる客がちょうど10分ですべていなくなるようにするには，券売機を何台設置すればよいですか。

〈大妻中野中〉

解き方▶▶▶

◆ 券売機何台かで10分間に売る客の人数の合計は，
　600 + 120 × 10 = **1800(人)**

◆ 券売機１台で10分間に売ることのできる客の人数は，
　6 × 10 = 60(人)

◆ ならんでいる客を10分間ですべていなくなるようにするために必要な券売機の設置台数は，
　1800 ÷ 60 = 30(台)

```
　はじめ　　10分間に増加
　600人　　120×10(人)
├─────┼─────┤
　　　6×10×□(人)
```
(□は券売機の設置台数)

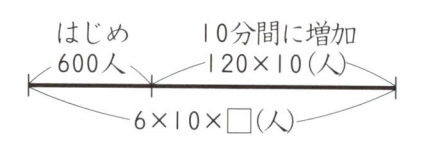

答え 30台

解法ポイント
　10分間に，**券売機でキップを売る客の人数の合計**を考える。

2　ポンプで水をくみ出す問題

> ある水そうに，毎分3ℓの割合で水が注がれています。水そうが満水のときに，ポンプを使って毎分8ℓの割合で水をくみ出したところ，20分で空になりました。満水の同じ水そうから毎分5ℓの割合で水をくみ出すと，何分で空になりますか。
>
> 〈明治大付明治中〉

解き方 ▶▶▶

◆ 毎分8ℓの割合で水をくみ出すと，水そうの水は，1分間に，8−3＝5(ℓ)ずつ減っていく。

◆ 水そうは20分間で空になったから，**満水のときの水の量は，5×20＝100(ℓ)**

◆ 毎分5ℓの割合で水をくみ出すと，1分間に，5−3＝2(ℓ)ずつ減っていくから，

空になるまでの時間は，

　100÷2＝50(分)

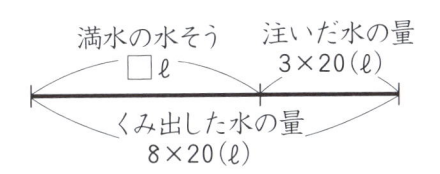

```
 満水の水そう    注いだ水の量
    □ℓ          3×20(ℓ)
┝━━━━━━━━┿━━━━━━━┥
      くみ出した水の量
        8×20(ℓ)
```

別の解き方

上の図から，満水のときの水の量は，

8×20−3×20＝100(ℓ)

と求めてもよい。

答え 50分

解法ポイント

満水のとき，この**水そうに入っていた水の量**を求める。

いろいろなニュートン算

3 行列がなくなるまでの時間

> バザー会場で入場を始めるとき、入場口に480人の行列ができていました。さらに、1分間に40人の割合で人がやってきます。入場口が2か所だと入場を開始してから行列がなくなるまで8分間かかります。入場口が4か所だと、何分間で行列がなくなりますか。
> 〈香蘭女学校中〉

解き方 ▶▶▶

◆ 8分間に入場する人数は、
480＋40×8＝800（人）だから、
1つの入場口から1分間に入場できる人数は、
800÷8÷2＝**50（人）**

はじめ 480人　　8分間に増加 40×8（人）
□×2×8（人）
（□は1つの入場口から1分間に入場できる人数）

◆ 入場口を4か所にすると、1分間に入場できる人数は、
50×4＝200（人）

◆ 行列は**1分間に、200－40＝160（人）ずつ減っていく**から、行列がなくなるまでにかかる時間は、
480÷160＝3（分間）

答え　3分間

解法ポイント

1つの入場口から、1分間に**何人が入場できるか**を考える。

4 草を食べつくす日数

一定量の草が生えている牧場に，6頭の牛を放すと9日間で，8頭の牛を放すと6日間で，草を食べつくします。草は毎日一定量の割合で生え，牛はどの牛も1日に同じ量の草を食べるものとします。11頭の牛を放すと，何日間で食べつくしますか。 〈関東学院中〉

解き方 ▶▶▶

◆ 牛1頭が1日に食べる草の量を1とする。

◆ 6頭が9日間で食べる草の量は，6×9＝54，8頭が6日間で食べる草の量は，8×6＝48

◆ 9－6＝3（日間）に生える草の量は，54－48＝6 だから，

1日に生える草の量は，6÷3＝2

◆ **はじめに生えていた草の量**は，54－2×9＝**36**

11頭の牛を放したとき，草の量は**1日に，11－2＝9ずつ減っていく**。草を食べつくすまでにかかる日数は，

36÷9＝4（日間）

答え 4日間

> **解法ポイント**
>
> 草を食べつくす日数
> ＝はじめに生えていた量÷（食べる量－生える量）

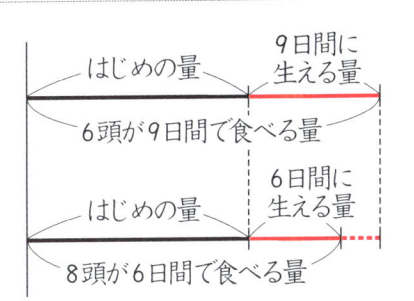

[協力者]
- 監修＝式場 翼男（しきば塾 塾長）
- まんが＝あすみ きり・青木 こずえ・ニシワキ タダシ・帯 ひろ志
- 表紙デザイン＝ナカムラグラフ＋ノモグラム
- 本文デザイン＝(株)テイク・オフ
- ＤＴＰ＝(株)明昌堂　データ管理コード：22-2031-2200 (CC2021)
- 図版＝(有)さんあい企画

▼この本は下記のように環境に配慮して制作しました。
※製版フィルムを使用しないでCTP方式で印刷しました。
※環境に配慮して作られた紙を使用しています。

中学入試 まんが攻略BON! 算数 仕事算 新装版

©Gakken
本書の無断転載, 複製, 複写(コピー), 翻訳を禁じます。
本書を代行業者等の第三者に依頼してスキャンやデジタル化することは，たとえ個人や家庭内の利用であっても，著作権法上，認められておりません。

Printed in Japan